古川武彦
Takehiko Furukawa

How Weather Forecasts are Made?

# 天気予報はどのようにつくられるのか

ベレ出版

# はじめに

人はどこに住もうと、どこへ旅をしようと、天気の影響から逃れることはできません。晴れれば心が弾み、逆に雨が降ったり、風が強くなったりすれば外出もおっくうで不便です。まして台風や集中豪雨が予想される場合は、避難などの対策が必要となります。

「天気予報」は、人々の生活や社会活動に密接に関係する、将来の天気の状態（晴れや曇り、降水、風、寒暖、波など）を予測し、発表することです。この天気予報を行なう任務は、法律（気象業務法）によって気象庁に課せられています。その法律で「気象庁は気象、地象、津波、高潮、波浪及び洪水についての一般の利用に適合する予報及び警報をしなければならない」と定められており、津波や波浪も予報の対象になっています。

なお、1993（平成5）年に法律の一部が改正されて「気象予報士制度」が生まれ、現在では、テレビなどで気象予報士が独自に予報を行なっています。

日本で最初の天気予報は、現在の気象庁の前身である東京気象台が1884（明治17）年6月1日に行なったものです。「全国一般、風ノ向キハ定マリ無シ。天気ハ変ワリ易シ。但シ雨天勝チ」というもので、予報の内容や地域的なきめ細かさは、現在とは比較にならないほど粗いものでした。ちなみに、当時の天気予報は、印刷物として諸官庁や警察の駐在所などに掲示されていました。

日本の天気予報は100年以上の歴史を持っています。その間、予報の基礎になる技術は、「地上天気図」や「高層天気図」をもとに予報者の経験や勘に頼る「主観的技術」から、数値予報と呼ばれる「客観的技術」へと進歩し、今や気象庁の行なっている予測の精度は世界でも高い水準を誇っています。

現在の予報技術は、気象や海洋についての観測技術の進歩と観測の自動化、気象レーダーや気象衛星などによるリモートセンシング（遠隔観測）の発達、そして何よりも予測計算を実行可能とするためのコンピュータの長足の進歩、さらに気象学や海洋学の発展などに支えられています。

さて、天気予報が私たちに届くまでには、大気や海洋の状態を「観測」し、それらのデータをもとに「予測」し、その結果を処理して「予報」として発表（提供）するプロセスが踏まれます。

なお、テレビなどで「天気予報」を発表などと言われますが、本来、予報とは「予測」の結果を一般に「公表（発表）」することを意味しますので、「天気予報を発表する」とは言わないで、「天気予報を行なう」が正しい使い方です。

本書の目的は、天気予報ができるまでの道筋である、気象および海洋の観測システム、観測データの予報中枢への通報、予測モデルの運用（計算）、そして最後の予報の作成に到る一連の流れを、通り一遍ではなく、できるだけ丁寧に、かつわかりやすくかみ砕いて解説することです。同時に、天気予報を支える根幹である、気象学や物理学の基礎的知識のほか、観測や予測の技術の発展の歴史なども紹介したいと思います。また、微分や積分などの数式を極力用いずに、理解ができるように心掛けました。

なお、波浪や津波を単独に扱った本はあまり見当たりませんが、本書では狭義の天気予報に留まらず、これらについても記述したいと思います。さらに天気予報に関連する法制度についても簡単に触れます。

本書は全体が9章で構成されており、第1章では、日々の天気予報の舞台である大気の組成、その中で起きているいくつかの現象とその仕組みを簡単に述べた後、大気の構造（気温と風の平均状態）を概観します。さらに、波浪や津波などの現象が起こる海洋についても触れます。第2章では、それらを地上で、また上空と宇宙から知るための種々の観測システムを紹介します。第3章は、天気予報の手法や特徴など、第4章は実際の予測技術である数値予報の根拠とアルゴリズム計算方法、第5章は今日・明日の予報である「短期予報」の実際と提供されている情報、第6章では週間予報や1か月予報である「長期予報」に用いられている、「アンサンブル予報」と呼ばれる、予測技術について解説します。また、台風の進路予報についても説明します。第7章では地球温暖化の予測、第8章は波浪と津波の予測、最後の第9章では、気象庁が行なうべき観測、天気予報や注意報・警報のほか、「気象予報士」制度といった、気象サービスに関わる法制度などを取り上げます。

目次・天気予報はどのようにつくられるのか

[ 第 1 章 ]

# 大気と
# 海洋の姿を知る

# 1　天気予報の舞台である大気を眺める

## 大気中の諸現象

ここでは、天気予報のできるまでの前段として、予測の対象、あるいは予測に関連する大気中のさまざまな現象（気象）の特徴とその仕組みについて、簡単に触れたいと思います。

### ●雲

空を仰げば、あるときは「うろこ雲」が空一面に広がります（図表1・1）。図表1・2はそんな日の天気図の一例で、高気圧が日本を覆っています。また、ときにはまるでカリフラワーのようにモクモクと高く湧き上がった積乱雲（図表1・3）が見られます。積乱雲は、にわか雨を降らせ、しばしば突風や雷を伴います。

図表 1.1 ｜うろこ雲（巻積雲、著者撮影）

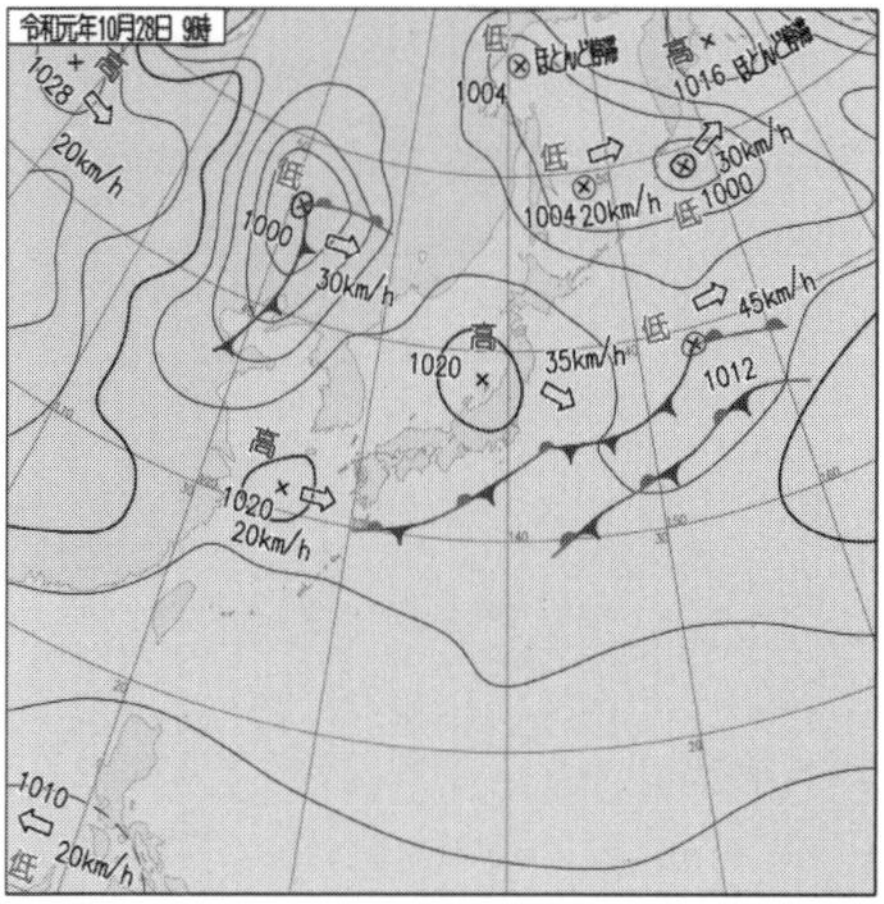


図表 1.2 ｜地上天気図（平成 29 年 11 月 17 日）（気象庁資料）

図表 1.3 | 積乱雲（著者撮影）

うろこ雲（巻積雲）は対流圏の上層にできる「上層雲」で、高度は1万メートル程度です。ほとんどすべて微細な氷粒（氷晶）で構成されています。この雲の成因は、雲の上面が放射冷却で冷やされ、一方、下面は地表からの放射で暖められるため、対流が起きていることです。お椀に注いだ熱い味噌汁の表面に現れる、亀の甲羅みたいな模様の対流と同じような仕組みです。一方、積乱雲は、普段と比べて上空に寒気が侵入している状態、つまり「大気の状態が不安定」と呼ばれる環境下で生じるものです。

これらの雲の存在は、天気予報と密接な

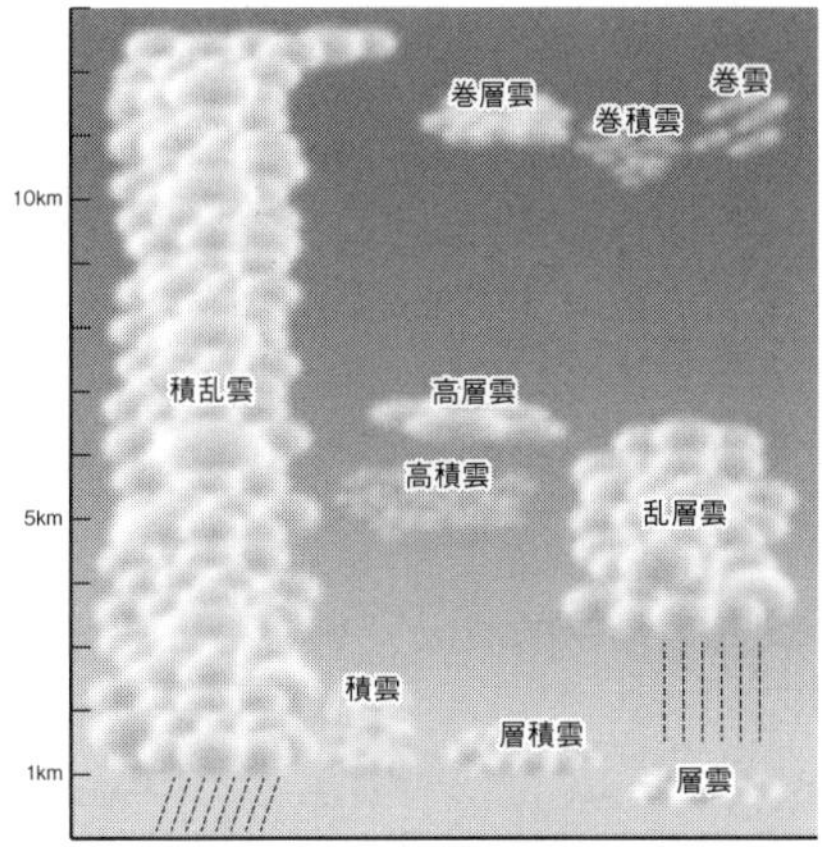


図表 1.4 ｜十種雲形

関係がありますが、現在の観測技術とコンピュータ資源では、これらの個々の発生や移動を予測することは不可能です。

空を仰いだとき見られる雲の名称、高度について、図表1・4にまとめました。

この図は国際的に「十種雲形」と呼ばれ、後述の雲の観測・通報の基礎となっています。上層雲と呼ばれる雲は、ほとんどすべて微細な氷晶で構成されており、主に水滴からできている中層雲と比べて、非常に透明感があります。

ちなみに、低気圧が西から接近してくる場合などに見られる「日暈」は、ハロー(halo)と呼ばれ、太陽光が氷晶に侵入・屈

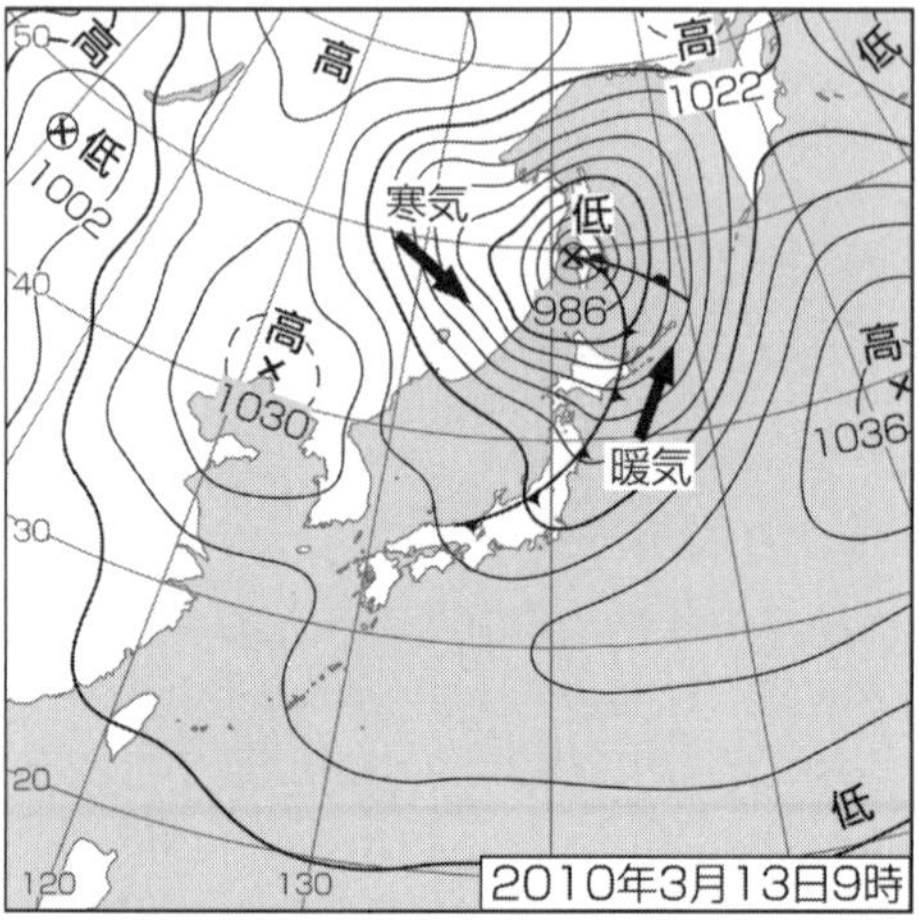


図表 1.5 ｜発達中の低気圧が現れている地上天気図（気象庁資料に加筆）

折・反射する際に生まれるものです。視半径が約22度もあり、全天に広がる感じです。天気が崩れる前兆となることもあります。

## ●低気圧と台風

低気圧は、中緯度の上空を吹いている「偏西風」が波打つ際、それに伴って発生する現象で、その消長は日本の日々の天気に大きな影響を与えます。図表1・5は、移動性の高気圧と発達しつつある低気圧が現れている地上天気図です。低気圧の後面（西側）で北西寄りの寒気が南下し、前面（東側）では南西寄りの暖気が北に向かっています。一方、図表1・6に示すように低気圧の西

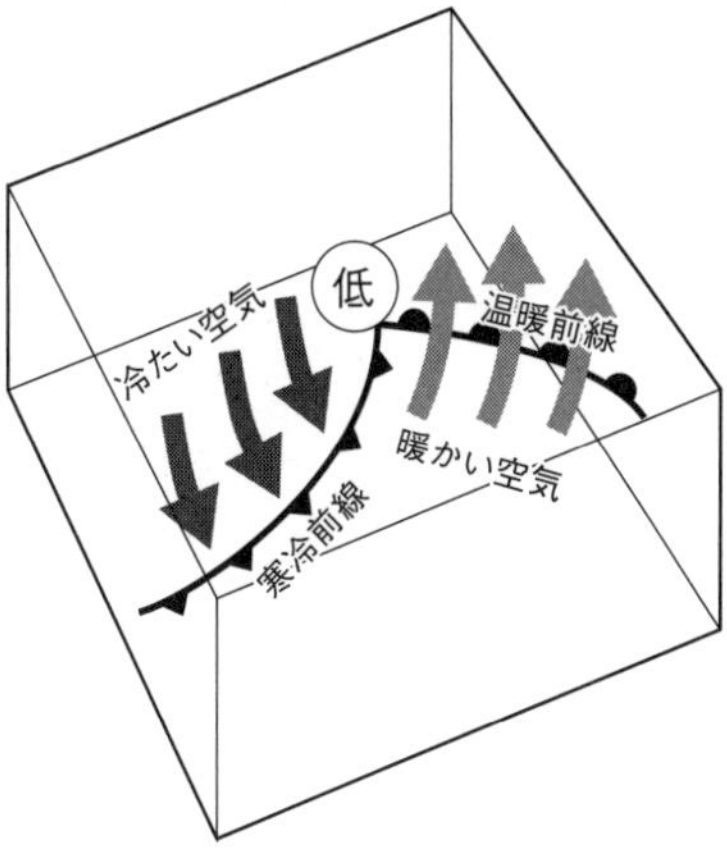


図表 1.6｜低気圧の構造

側では下降気流で、より冷たい風が吹き降りています。一方、東側では上昇気流で、より暖かい風が吹き昇っています。気象用語では、それぞれ「寒気移流」「暖気移流」と呼ばれます。このような寒気の下降と暖気の上昇をエネルギー的に解釈すると、低気圧全体の系で見れば、「位置エネルギー」が低下し、その分が「運動エネルギー」に転換されて、風が強まる過程といえます。

台風は、日本の南海上で生まれる「熱帯低気圧」がさらに発達したものです。台風は、図表1・7の「ひまわり画像」に示すように、反時計回り（左巻き）の大規模な渦で、周囲から吹き込む水蒸気が凝結する

図表 1.7 | 気象衛星ひまわりによる雲画像

際に発生する莫大な熱エネルギーで維持されています。台風は天然の巨大なエンジンで、それを動かすガソリンが水蒸気だといえます。台風は、川に浮かぶ木の葉と同じように、日本の南東海域を中心に夏季に発達する「小笠原高気圧（北太平洋高気圧の西の部分）」の周辺を吹く風に流されて日本付近にやって来ます。

ちなみに、台風のような強い熱帯低気圧の呼称は、発生海域によって異なり、インド洋やオーストラリア周辺では「トロピカル　サイクロン」、北アメリカの周辺では「ハリケーン」と呼ばれますが、その仕組みはみな同じです。なお、熱帯低気圧は南半球では時計回り（右巻き）で北半球と反対ですが、その理由は第4章で触れるように、地球が自転しているためです。自転の影響は、つむじ風や竜巻などの小規模な現象では無視できますが、低気圧や高気圧のような大規模な現象では必ず現われます。

## ●竜巻とダウンバースト

台風や集中豪雨ほどの頻度ではありませんが、ときには「竜巻（英語では「トルネード」）」や「ダウンバースト」が発生します。これらは突然に起こるため予測が困難です。多くの竜巻は日本では積乱雲に伴って生まれますが、現在のところ、竜巻発生のメカニズムはいまだ完全には解明されていません。

ダウンバーストは「下降噴流」とも呼ばれ、上空から突然に冷たい空気の塊が滝のように地表に落下し、周囲に急速に突風が広がる現象です。着陸態勢に入った航空機がこれに遭遇すると、急な向かい風や追い風に見舞われ、操縦を困難にすることで恐れられています。ダウンバーストも竜巻と同様に予測は困難です。

ちなみに竜巻かダウンバーストかの区別は、樹木の倒壊や飛散物などの方向が渦巻き状（竜巻）か放射状（ダウンバースト）かで判断が可能です。

これまでに紹介した現象はすべて、地球を取り巻く気体である「大気」中での出来事です。大気は数百キロメートルの上空まで広がって、はるか宇宙につながっています。その大気はどのようになっているのでしょうか。

## 地球の大気

### ●大気の組成

地球の大気は主に、約80パーセントの窒素と約20パーセントの酸素で構成され、そのほか二酸化炭素（$CO_2$）やアルゴン、オゾンなどが含まれます（図表1・8）。大気の成分比は、地表から約80キロメートル上空まで、どの場所でも同じで、また時間的にも変化しません。これは、長年にわたる雲に伴う対流など種々の運動によって、地表付近の空気が上空までかき混ぜられているためです。

なお、$CO_2$ の総量は自然界ではほとんど一定のはずですが、産業革命以来の石炭や石油などの燃焼によって、$CO_2$ 濃度は現在でも増加を続けており、後述のように

| 乾燥した空気における体積比（パーセント） | |
|---|---|
| 窒素（$N_2$） | 78.08 |
| 酸素（$O_2$） | 20.95 |
| アルゴン（Ar） | 0.93 |
| ネオン（Ne） | 0.0018 |
| **季節や地域による差が大きい気体の体積比（パーセント）** | |
| 二酸化炭素（$CO_2$） | 0.038 |
| 水蒸気（$H_2O$） | 0～4 |

図表1.8｜地表付近の大気成分

地球温暖化をもたらす原因となっています。気象庁の発表によると最近の$CO_2$の濃度は400ppmを超えており、毎年2ppm程度の増加となっています。1ppmは100万分の1という意味ですから、1立方メートル程度の風呂桶1杯の空気でいえば、$CO_2$は牛乳瓶2本分ぐらいの勘定になります。なお、近年の年間増加量である2ppmメートル程度で茶さじ1杯程度に相当します。

一方、大気中には「水蒸気」が数パーセント含まれており、場所および時間とともに変化し、下層付近で最も多くなっています。水蒸気は他の大気成分と同じく目に見

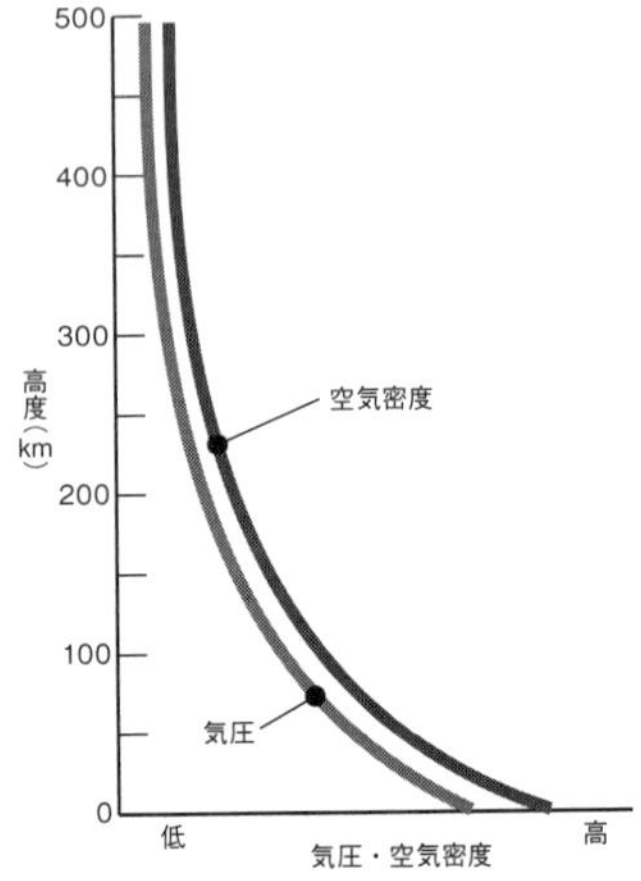


図表 1.9 ｜気圧・空気密度の鉛直分布

えませんが、その供給源は海洋や土壌、植物です。

## ●気圧と空気密度

地球上の物体には常に重力が働いていますから、空気分子も影響を受けて地表に引きつけられて圧縮されるため、下層ほどその量が多くなっています。別の言葉で言えば、下層ほど密度が大きく、重く、上空に行くほど小さく（軽く）なっています。したがって、大気の重さに起因する圧力である「気圧」は、下層ほど高くなっています。

気圧および空気密度は、図表1・9に示すように、高度とともに指数関数的に低下しています。

## ●雲の生成と凝結核

ここで、大気の成分と関連して、大気中に存在しているチリである「凝結核」について触れたいと思います。凝結核は大気中に浮遊している微細なチリです。水蒸気が凝結して、雲粒が生まれる際の核になる物質で、火山灰、煙、砂、粘土など、顕微鏡でなければ見られないほどの微粒子です。

中国大陸からの黄砂も凝結核となります。これらは肉眼ではよく見えませんが、空気1立方センチメートル中には数百個、ときには数千個ほども含まれています。

凝結核の一つである「海塩核」は、波が砕けて上空に持ち上げられた際に、塩が微細な粒子として、空気中に浮遊するものです。海塩核は、低緯度で頻繁に見られる「スコール（squall）」と呼ばれる大粒の「にわか雨」の発生に寄与しています。このほか、海中の植物プランクトン起源の硫化物が大気中に放出された凝結核もあります。

水蒸気を含む空気の塊が、日射や地形の影響で上昇し始めると、上空ほど気圧が低

図表1.10｜煙突の煙から発生した雲（茨城県神栖市）（著者撮影）

いので膨張します。そのときに空気塊は周囲の空気を押しのける仕事をするので、自分の熱エネルギーを消費するため、温度が下がります。やがて、もうそれ以上水蒸気のままで存在できなくなり、飽和状態（湿度が100パーセント）に達します。

しかしながら、飽和に達しても、空気中にまったく凝結核が存在しないと、水蒸気の凝結は極めて起きにくく「過飽和」の状態が続きます。凝結核が存在すると、飽和に達しなくても、それを核にして凝結が始まり、雲粒となります。図表1・10は煙突から排出される煙が凝結核となって生まれた雲の例です。

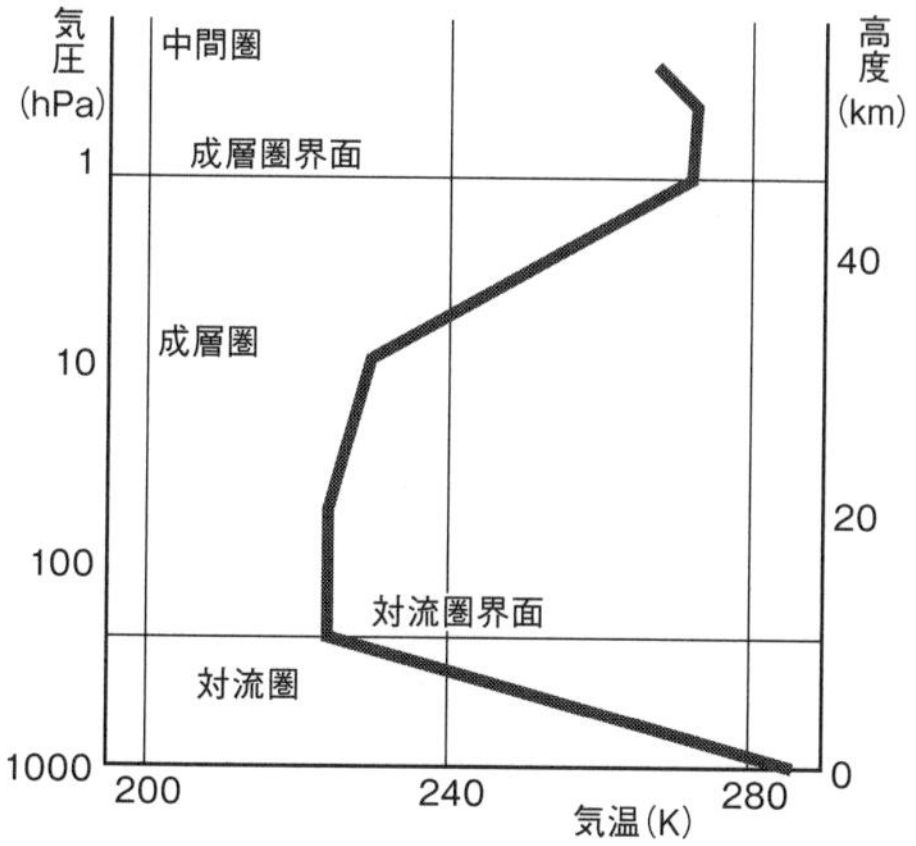


図表1.11 ｜大気圏の鉛直区分

## 大気の区分

大気圏は気温の鉛直分布によって、図表1・11に示すように、地表から「対流圏」「成層圏」「中間圏」「熱圏」に区分されています。

対流圏では上空に向かうにつれて気温が低下しています。対流圏とは文字通り、空気が対流を起こす層です。太陽が地球大気に入射する際、空気分子は太陽のエネルギー（可視光線部分）をほとんど吸収しないため、太陽エネルギーは地表面に達して地表を暖めます。暖められた地表付近の空気が対流活動で上空に運ばれると温度が下がるので、下層ほど暖かくなっているわけです。

しかしながら、10キロメートルほど上空に存在する「対流圏界面」を境に、気温は逆に上昇に転じ、それより上空は「成層圏」と呼ばれる層になっています。その理由は約25キロメートル上空に存在する「オゾン層」で、そこで太陽光線に含まれている「紫外線」がオゾンで吸収されて暖まるためです。気温の極大がオゾンの一番多い高さではなく、それよりはるか上空の約50キロメートル付近で極大となっている理由は、空気の密度が小さいほど暖まりやすいこととの兼ね合いで、このようになっています。

成層圏では上空ほど暖かいため（密度が小さいため）対流活動が抑制されるので、流れは水平的で乱れも少ないことから、ジェット機などはこの層を飛びます。

少し横道にそれますが、気圧の高度による低下を利用した「気圧高度計」（図表1・12）を紹介します。世界中のすべての航空機に必ず搭載されています。航空機の中で、パイロットの「2万5000フィート上空を飛行中」といったアナウンスを聞きますが、その高度はこの気圧高度計の目盛りによっています。

気圧高度計は、気圧を測り、その気圧を高度に置き換えて表示するものです。実

図表 1.12 ｜航空機用気圧高度計
(https://commons.wikimedia.org/wiki/File:Manifold_Pressure.jpg)

際の大気の平均状態に近いように単純化した大気のモデルを「国際標準大気」と呼び、国際的に定義されています。この大気はあくまでも仮想的なものですが、高度による気圧・気温・空気密度などが数値化されています。気圧高度計は、標準大気で表される気圧に対応した高度（フィート）で目盛られており、気圧と高度が一対一で対応しています。したがって、パイロットは、常時、この気圧高度計を監視しながら飛行しています。航空管制で用いられる飛行高度は国際的に、このような標準大気に基づいていま す。当然、航空管制官からの指示も気圧高度です。ちなみに、航空機が着陸する際は、「電波高度計」が併用されます。

なお、図表1・12の右側に見える小窓の目盛りは、高度計の原点設定装置で、巡航中は標準大気の高度ゼロに対応した気圧（1013・3ヘクトパスカル）、インチ表現で29・92インチに設定されていますが、目的の空港に近づくと、その空港の気圧に変更されます。正確には、その空港の海面気圧（QNH）です。

## 偏西風と偏東風

日本のような中緯度の上空では、上に向かうほど風が強く、1年を通じて「偏西風」と呼ばれる風が、地球を取り巻くように吹いています。偏西風の最も強いところ（強風軸）は「ジェット気流」と呼ばれています。ちなみに、この強い西風は、太平洋戦争中にアメリカ軍のB29爆撃機がサイパン島から西に日本に向かうときに遭遇し、発見されました。一方、赤道付近の上空では、「偏東風」と呼ばれる東寄りの風が吹いています。

日々の天気予報で、低気圧の移動や台風の進路の説明の際、「偏西風」が蛇行していますなどとよく耳にします。偏西風は、南・北両半球の中緯度上空に、地球を取り巻くように1年中吹いている西寄りの風ですが、決して一様ではなく時間・空間的に変化しています。

まず、ある日の日本付近の上空の流れを見てみましょう。図表1・13は、高層天気図といい、天気予報でよく目にする地上天気図と違い、上空の大気の状態を表しています。上段は300ヘクトパスカル高層天気図、下段は500ヘクトパスカル高層天気図です。高度はそれぞれ約9キロメートル上空と約5キロメートル上空です。両方の図を見ると、中国大陸方面から日本列島にかけて線が非常に混んでいるのがわかります。本邦の上空300ヘクトパスカルでは220ノット、500ヘクトパスカルでは100ノット程度の強風が見られます（矢羽根の向きは風向きを、羽が風速を表しており、短矢羽は5ノット、長矢羽は10ノット、旗矢羽は50ノットの風速を表しています。1ノットは約0・5メートル／秒）。

上空の風は、近似的にこれらの線に沿って吹き、かつ線の間隔が狭いほど強くなります。上の図にある8640、8880、9120、9560、9600、下の図

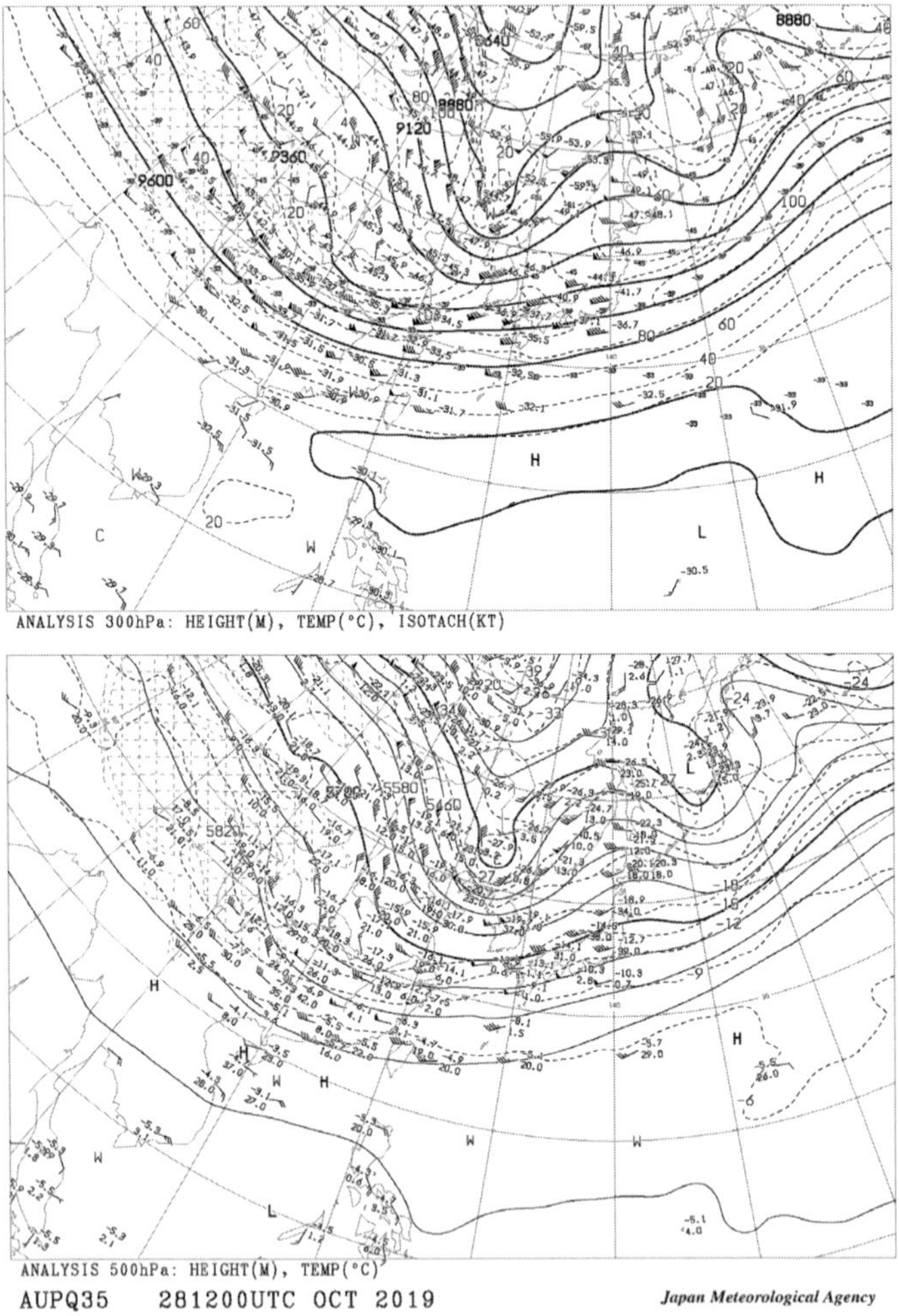


図表 1.13 ｜高層天気図（上：300hPa、下：500hPa、気象庁資料）

にある5460、5580、5700、5820といった数値は高度を表し、実線は同じ高さのところを結んだもので「等高度線（メートル）」と呼ばれます。

等高度線を山の標高と思えば、たとえば、500ヘクトパスカル面が日本付近から北に向かって傾きが小さくなっているのがわかります。また、日本海北部から樺太方面がくぼ地のようになっています。テレビなどで見られる「上空の気圧の谷」は、このような領域を指します。ちなみに、このような谷の下には低気圧を伴っているので、天気が悪くなります。

今度は北半球全体を眺めて見ましょう。図表1・14は北極を中心に見た500ヘクトパスカル面です。

等高度線が北極を中心にヒトデのように波打っているのがわかります。偏西風の強いところは、先述のように等高度線が混んでいる地域です。一番込み合っている地域は偏西風の強風軸として認識され、このような強風帯はジェット気流と呼ばれます。

さらに、等高度線の走行を見ると、同心円状というよりむしろ南北に蛇行しているのがわかります。この蛇行を一種の波動とすると、この天気図の時期は、5個程度の

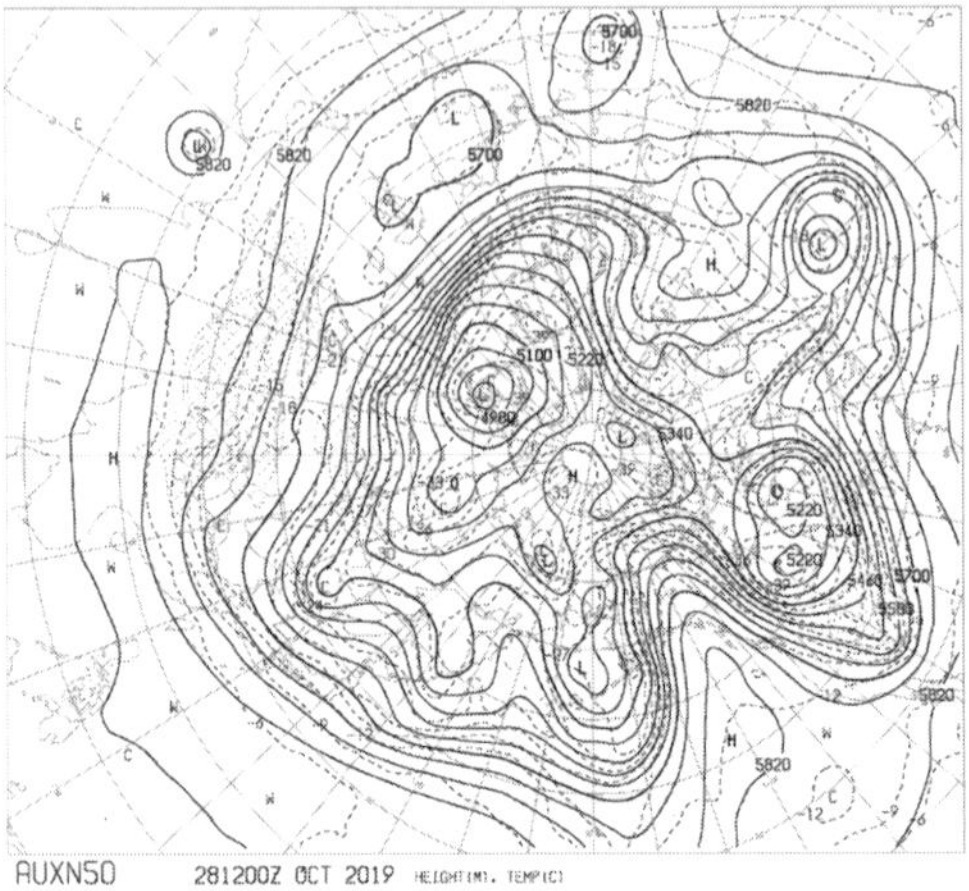


図表 1.14 ｜北半球 500hPa 天気図（気象庁資料）

波が大きく蛇行（大きく振幅）しているのが見受けられます。

ここで示した高層の流れは、約5キロメートル上空や約9キロメートル上空という、ある平面上で見た風の状態ですが、これを南北方向の鉛直断面で見てみましょう。図表1・15は、地球全体を取り巻く風の平均状態で、東西どちら方向の風が吹いているかを表わしています。上は冬季（12～2月）、下は夏季（6～8月）を示しています。

縦軸は高度（左側）、気圧高度（右側）で、横軸は緯度を示しています。正の数の領域は西風が、負の数の領域は東風が吹いてい

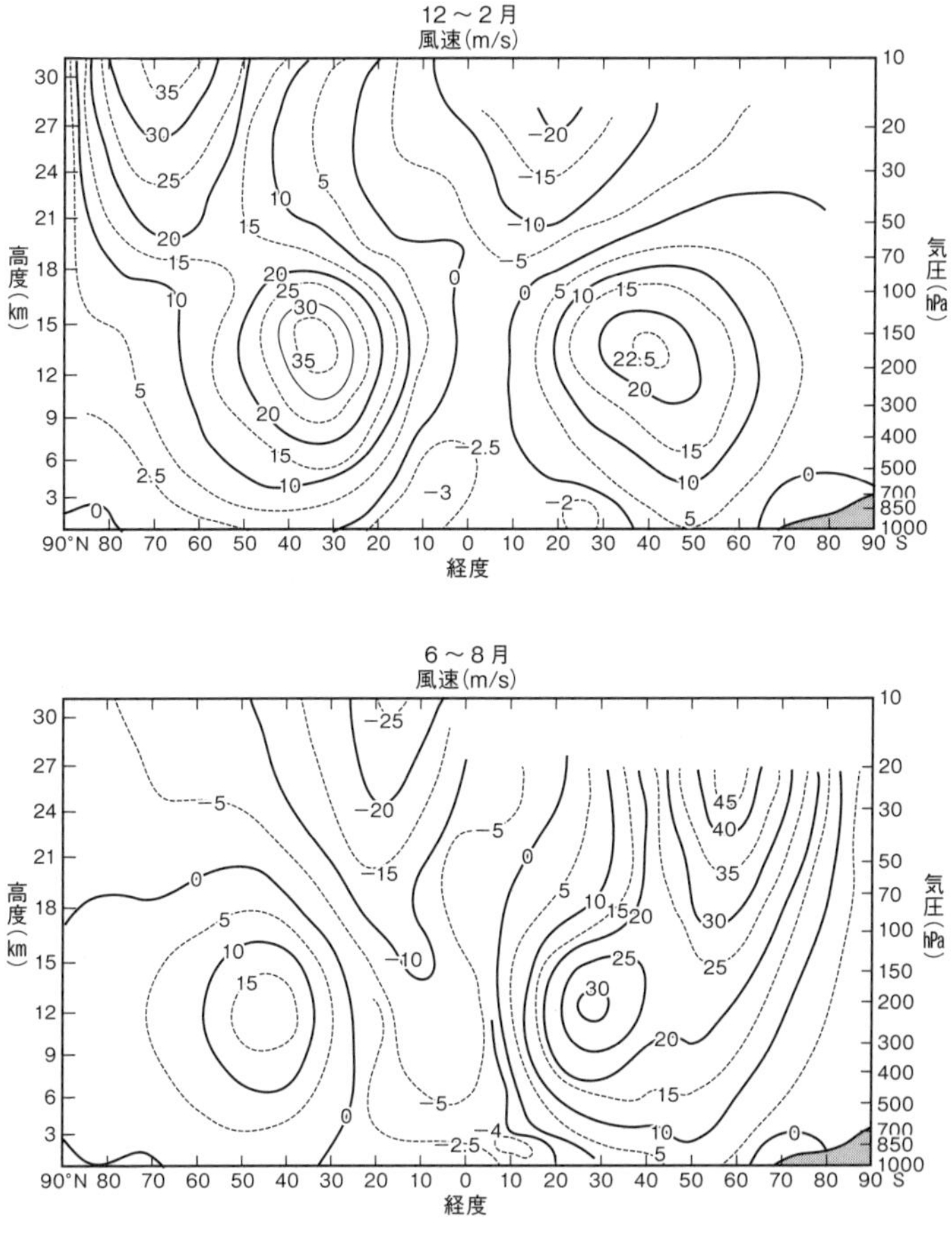


図表 1.15 ｜東西風の南北断面図（日本気象学会編『気象科学事典』をもとに作成）

ることを表します。東西風は、対流圏と成層圏で大きな相違が見られます。すなわち、対流圏では、南北両半球の中緯度上空には年中西風が吹いており、その極大の高度は約12キロメートルほどにある対流圏界面付近にあります。また季節的な変化が少ないのが特徴です。

ところが成層圏では季節変化が顕著です。このことは、対流圏が熱容量の大きい(保温性の大きい)海洋に接しているため季節変化が現れにくく、逆に成層圏では下層の対流圏からの活動が及びにくく、太陽放射による加熱の影響、すなわち、季節変化を直接に受けるためです。一方、対流圏の下層を見ると、低緯度と高緯度で弱い東風が見られ、中緯度では西風となっています。

考えてみると、日々の気象は、このような気温や気圧、風などに伴っています。別の視点で見れば、気象は、このような平均状態からの偏りと解釈することができます。その実際の揺らぎを予測し、発表するのが「天気予報」で、本書のテーマです。

## 2　波が立ち、ときには津波も起きる海洋を知る

海に目を向けてみましょう。海岸に立てば、波が打ち寄せ、しばしば白波も見られます（図表1・16）。波やうねりは、船舶の航行や漁業活動などに影響を与えることから、気象庁では天気予報の一部として波の高さや向きの予測を行なっています。

また、地震が海底で起きれば海水が急激に持ち上げられるため、あるいは沈むため、海面の変動が「津波」として海岸に押し寄せ、しばしば被害をもたらします。津波の大きな特徴は、そのスピード（伝播速度）が水深の平方根に比例することで、水深200メートルでは秒速約45メートルですが、4000メートルのような大水深では秒速約200メートルを超えることがあり、まさにジェット機並みに進みます。この津波の予測や警報も気象庁の仕事です。

津波は、人工衛星からも観測されています。図表1・17は、人工衛星に搭載された「海面高度計」による津波の様子で、2004年のインド洋大津波のときのものです。震源域から津波がほぼ同心円状に広がっているのがわかります。

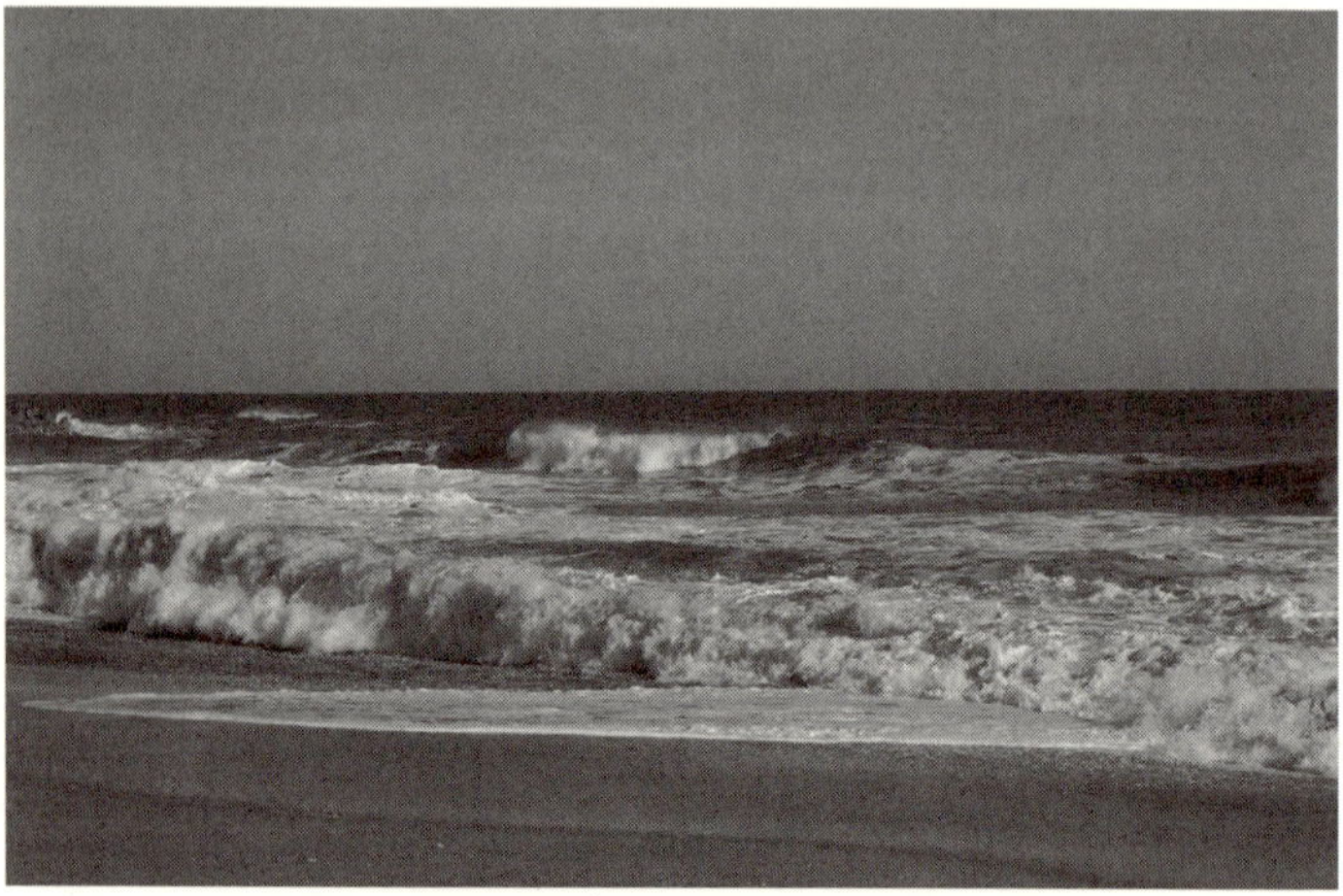

図表 1.16 ｜海辺の波（著者撮影）

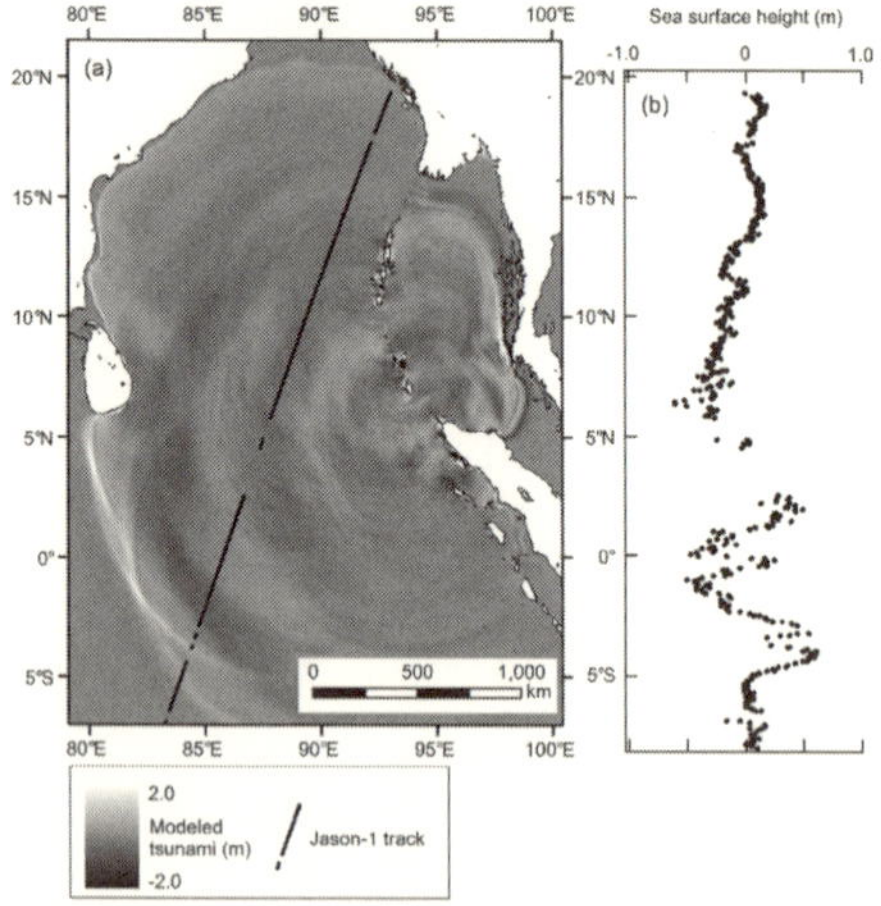


図表 1.17 ｜人工衛星の海面高度計で観測された津波（2004 年インド洋大津波）（越村俊一氏提供　Koshimura, S., T. Oie, H. Yanagisawa, F. Imamura, Developing fragility functions for tsunami damage estimation using numerical model and post-tsunami data from Banda Aceh, Indonesia, Coastal Engineering Journal, 2009, Vol.51, No.3, 243-273. doi:10.1142/S0578563409002004）

## 海洋と大気の相互作用

海洋の面積は地表の約70パーセントを占めています。波は風によって起こされることはよく知られていますが、逆に海洋が大気に種々の影響を与えていることはあまり知られていません。すなわち、海洋はその上の大気を加熱あるいは冷却することにより、「小笠原高気圧」や「オホーツク海高気圧」などの形成・維持に大きな役割を果たしています。

海洋が気象に与える影響の最たるものは水蒸気の供給です。海面からの蒸発という形で、大気中に莫大な水蒸気が供給されています。台風が日本の南海上にあるとき、テレビでよく「海上の暖かく湿った空気が台風に流れ込んでいます」などと報じられますが、まさに海洋はその湿った空気の供給源です。もちろん、陸面からも、植物の葉面からも水蒸気は補給されていますが、その量は海洋の比ではありません。

水蒸気が存在しなければ、雲は生まれず、雨も降らず、したがって植物は育たず、人や動物も生きていくことは不可能です。地球上のすべての場所で、雲が発生しなければ、昼も夜も晴ればかりで、天気予報は必要ないでしょう。

しかしながら、現実の大気は水蒸気を含みます。凝結して水滴（雲粒）が生まれる際には「凝結熱」を放出して周囲を暖め、逆に雲粒や雨粒から蒸発が起きる際は「蒸発熱」として周囲の熱を奪って冷やします。

海水は日射を吸収して暖まります。その影響は水深数百メートルの海中まで及びます。海面温度の変化は、今日・明日・明後日などの「短期予報」では無視しても、予測期間が短いため問題ありませんが、「週間予報」や「1か月予報」など、予報期間が長くなるにつれて、その影響は無視できなくなります。そのため、大気の変動を予測する「大気モデル」と海洋の変動を予測する「海洋モデル」を結合した「大気・海洋結合モデル」を使用し、海面温度の変化を考慮しています。

## 波浪、高潮、津波

海洋の現象として、波浪や津波があります。これらに伴う海水粒子の水平および鉛直方向の移動（変位）を図表1・18に示します。

図で見るように、波浪は鉛直および水平変位が数メートルで、鉛直断面では、円運

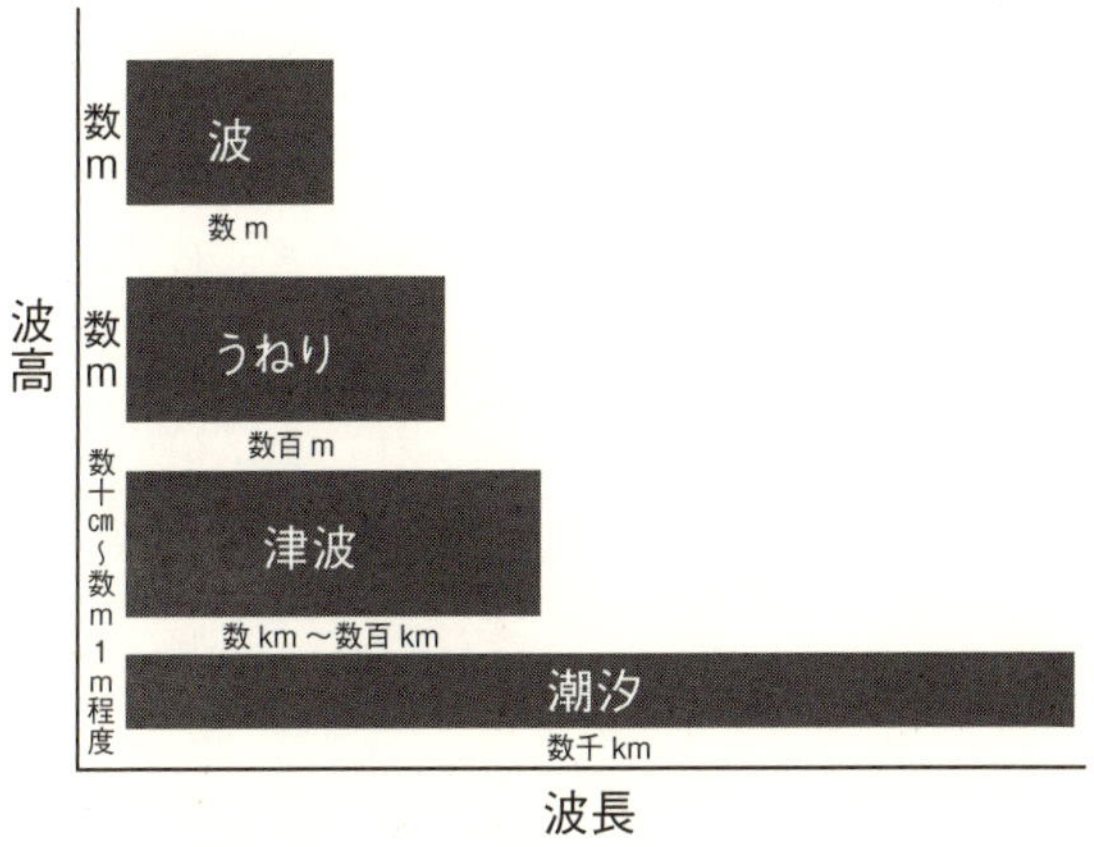


図表1.18｜波、うねり、津波、潮汐の波高と波長

動に近い動きです。「うねり」は水平変位が、波に比べて長く、ときには数百メートルに達します。津波は鉛直変位は大きくても数メートル程度ですが、波長が数キロメートル程度から数百キロメートルと非常に長くなります。

## ●波浪、うねり

波浪は船舶の航行を始め、漁業や海洋レジャーなど、さまざまな分野に影響を与えることから、気象庁ではその予測を行なっています。

波の生成を物理的に見れば、海の表面を吹く風の摩擦力によって、海水が引っ張られることで発生します（風浪）。波面の空気の流れに伴う圧力変動を通じて、風のエネルギーが波をさらに発達させます。波に伴う海水の変位は表面付近であることから「表面波」と呼ばれており、数十メートルも潜れば、ほとんど感じません。

波浪のうち、「うねり」は他の海域で風によって起きた波が伝わってきたものです。波長が数百メートルと長く、また周期も通常の波と比較して長いのが特徴です。特に「土用なみ」と呼ばれるうねりは、夏季に台風の周囲の強風で発生し、遠方まで伝播して、沿岸部で思わぬ大波となることがあります。

海上での風の観測には、種々の困難が伴いますが、波を観察すれば海上風を推定できることから、図表1・19のような「ビューフォート風力階級表」が世界的に用いられています。

ちなみに、台風の中心付近の風のデータは進路予報にとっても重要ですが、アメリカでは「気象観測機」が「ハリケーン」の中を貫通して、観測員が海面状態の目視から風を推定し、予報中枢に伝達しています。また、無人機による観測も行なわれています。なお、かつては北太平洋でも、グアムなどを基地としてアメリカによる観測飛

| 風力 | 海上の様子 | 相当風速 | |
|---|---|---|---|
| | | knot | m/s |
| 0 | 鏡のようになめらか。 | 0-1 | 0.0-0.2 |
| 1 | うろこのようなさざ波がでる。 | 1-3 | 0.3-1.5 |
| 2 | 小波の小さなものがはっきりしてくる。 | 4-6 | 1.6-3.3 |
| 3 | 小波の大きいもの。波頭が砕けはじめ、ところどころに白波。 | 7-10 | 3.4-5.4 |
| 4 | 小波だが波長が長くなる、白波がかなり多くなる。 | 11-16 | 5.5-7.9 |
| 5 | はっきりした中位の波。波長は長くなり白波がたって、しぶきを生ずることがある。 | 17-21 | 8.0-10.7 |
| 6 | 大さい波ができはじめる。いたるところに白く泡だった波頭がひろがり、しぶきを生じる。 | 22-27 | 10.8-13.8 |
| 7 | 波はますます大きく、波頭が砕ける。 白い泡が筋をひいて風下に吹き流れる。 | 28-33 | 13.9-17.1 |
| 8 | 大波のやや小さい部類。波長が長くなり波頭が砕け水煙となりはじめる。風下に流される泡筋は明確になる。 | 34-40 | 17.2-20.7 |
| 9 | 大波。泡は濃い筋を引いて風下に吹さ流され、波頭はのめって崩れ落ち、逆巻きはじめる。しぶきのため視程は悪化する。 | 41-47 | 20.8-24.4 |
| 10 | 非常に高い大波になり、波頭はのしかかるようになる。海面は真っ白になり波の崩れ方激しく、視界はしぶきのため悪い。 | 48-55 | 24.5-28.4 |
| 11 | 山のような大波の連続で、中小の船舶は波に隠れて見えなくなることがでてくる、海面は長い白い泡の塊に覆われ、波頭の端は水煙となり、視界不良。 | 56-63 | 28.5-32.6 |
| 12 | 泡としぶきで海面白濁、視界は極端に悪化。 | 64 以上 | 32.7 以上 |

図表 1.19 ｜ビューフォート風力階級表

行が行なわれていましたが、気象衛星「ひまわり」の登場により、現在は行なわれておらず、ひまわりの雲画像から、台風の規模や勢力などを推定しています。

## ●高潮

かなり以前のことですが、「伊勢湾台風」(1959年9月)の中心が伊勢湾の西方を北上した際、伊勢湾付近は強い南西風が継続して、湾内の全体の水位が上昇し、大きな災害をもたらしました。上述の波浪の場合は、どんな高波でも、通常の海水面を中心に上下するだけです。しかし、高潮の場合は強風によって湾奥に向かって海水が吹き寄せられるため、海面が通常よりメートル単位で上昇し、それに強風による高波が重なるので、海水が堤防を越えて、街中に浸水が見られます(図表1・20)。

高潮は、伊勢湾のような湾奥がV字型に狭くなっている湾で起きやすいことに注意する必要があります。ちなみに、九州にある遠浅の「有明海」では、これまでたびたび高潮に見舞われてきました。

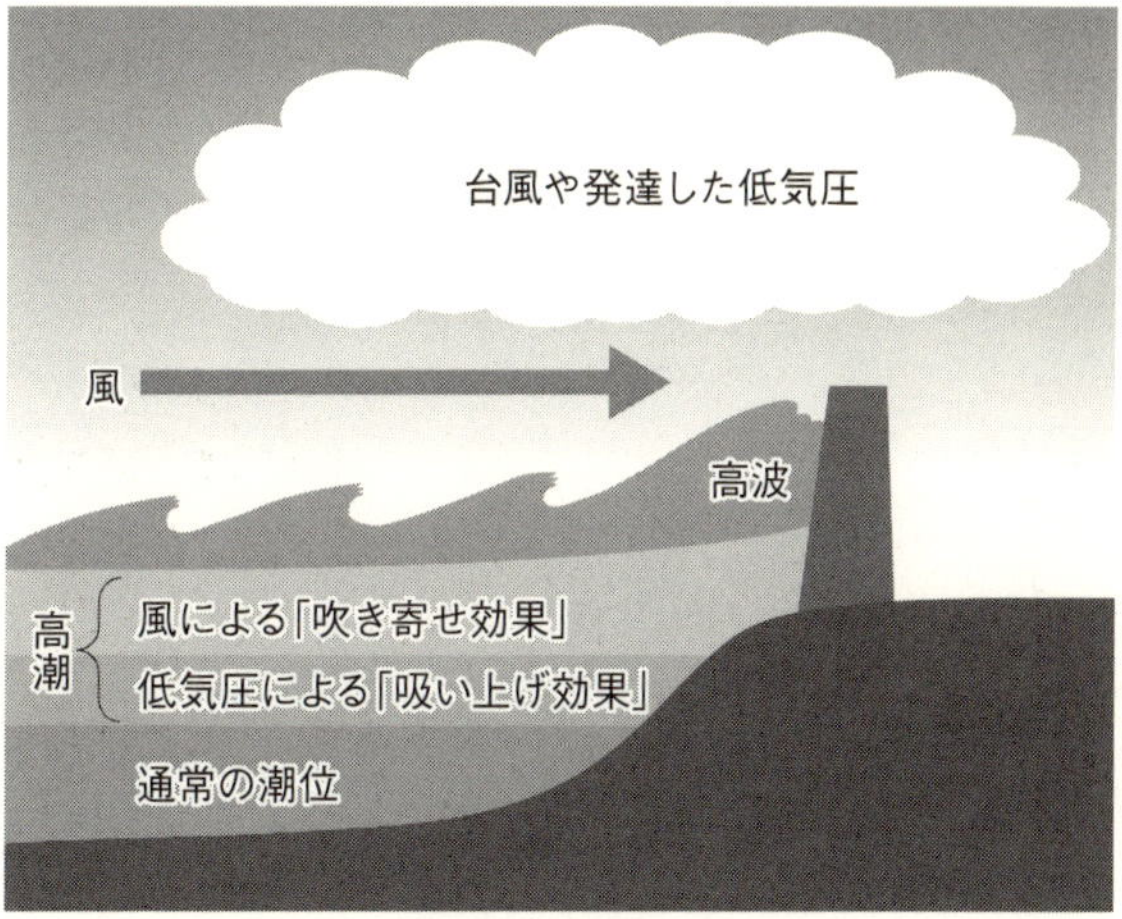


図表1.20｜高潮

## ●津波

津波は波浪と異なって、海水が底から表面まで全層で動くことが特徴であり、しかも波として遠方まで伝播します。津波は国際的に「Tsunami」と呼ばれています。

津波は海底の地下で起きた地震に伴って、海底地形が突然に隆起あるいは沈降し、その上部の海水が波となります（図表1・21）。

津波の発現海域での海面の盛り上がりは1メートル程度ですが、沿岸域に来襲すると、数メートル、ときには10メートルを超えることがあります。この理由は津波の伝播速度が水深の平方根に比例することにより、津波が陸域に近づくにつれて水深が浅

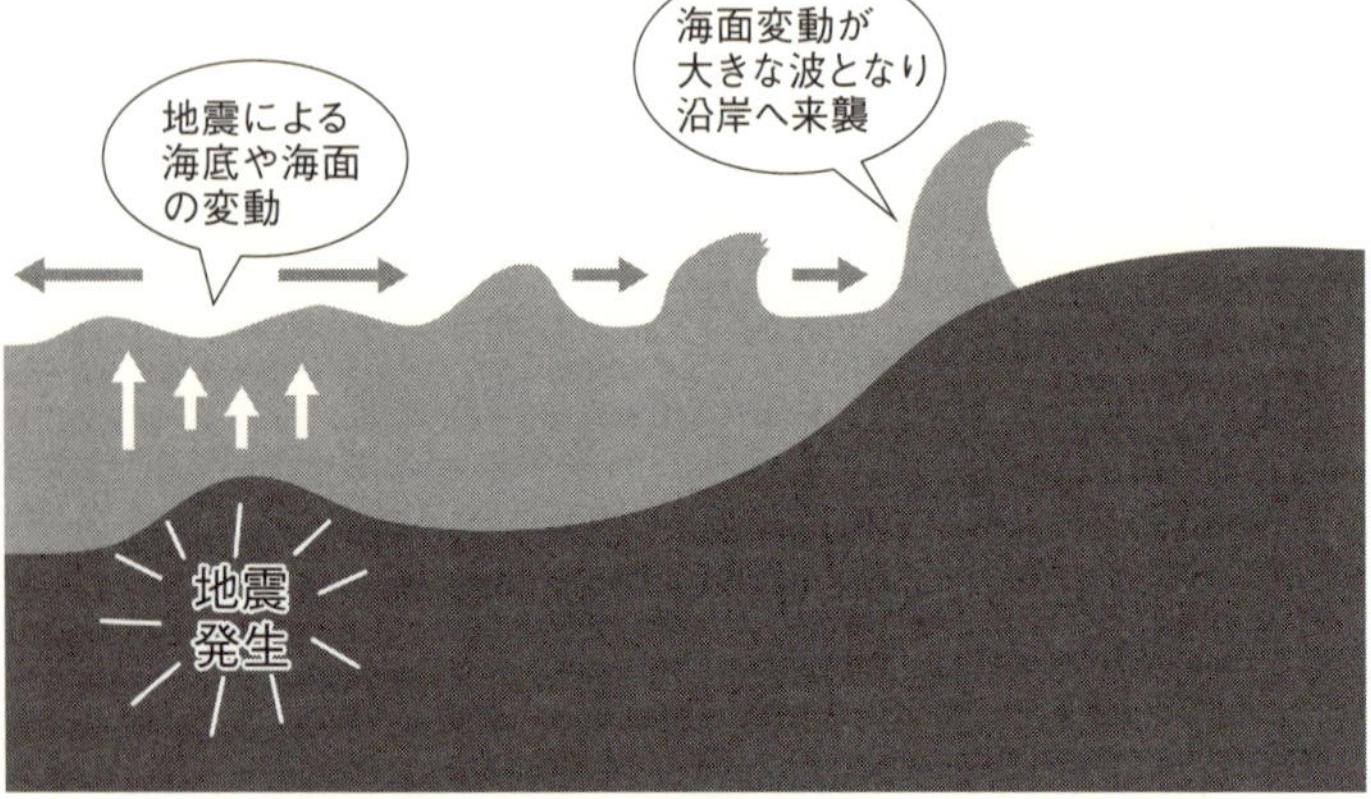


図表 1.21 ｜津波の発生機構と伝播の様子（気象庁資料）

くなるため、スピードが遅くなり、沖合から次々にやってくる波の間隔が詰まって、水位が上昇するからです。水位の上昇はたびたび沿岸部に強い流れを起こすことから、たとえ深さが数十センチメートルの流れであっても非常に危険です。

ちなみに、1960（昭和35）年のチリ地震に伴う津波は、はるばるチリの沖合から南太平洋を渡って、日本の三陸沿岸に襲来しました。6メートル程度の津波で150人に近い犠牲者を生み、また家屋の倒壊など大災害となりました。

先の「東北地方太平洋沖地震」（2011年3月11日）では、1万8000人を超える死者・行方不明者が生まれ、また津波の浸水で福島原発の冷却装置が破壊され、未曽有の災害となりました。

［第2章］

# 大気と海洋の今を知る

# 1 どうして観測が必要なのか

テレビや新聞で目にする天気予報は、「晴れ」や「雨」などの「天気」のほか、「気温」や「湿度」「風」といった要素で構成されています。また、波浪も天気予報の一部となっています。

数年に1回程度しか発生しない短時間の大雨を観測した場合には「記録的短時間大雨情報」といった「情報」が、大雨や強風などが予想される場合には、「注意報」や「警報」が発表されます。天気予報とは、これらの気象や波浪などの状況が今後どのように推移するかを「予測」し、一般に「公表」することです。

さて、大気を構成している「気体」である空気は、水のような「液体」を含め「流体」と呼ばれます。その運動は、物理的な法則や原理に基づく「流体力学」で支配されます。後であらためて触れるように、予測を行なうためには、必ず現在の状態（初期条件）の把握である「観測」が不可欠です。

初期の状態がわかれば、流体力学を定式化した「数値予報モデル」を用いての将来の予測が可能です。気象庁ではこの予測モデルにスパコンを用いていますが、観測にはもともと誤差がありますし、また予測モデルも完全ではないので、予測の時間が先に延びるほど、それらの誤差が拡大していきます。計算を続けることは可能ですが予報としては使い物になりません。したがって、天気予報では「一定時間ごとに観測を行なって初期条件を設定し、それをもとに予測計算を進める」という繰り返しのプロセス（初期条件の更新）が必須です。気象庁では、予測モデルに応じて、毎日、あるいは1週間に1度など、初期条件を求めてモデルで計算しています。

初期条件の更新の必要性についてもう少し触れます。同じ予測でも月蝕など天体の運動予測は、基本的に1回計算するだけで、後はまるでカレンダーのように何年も先までの予測が可能です。それに対して、大気の運動は「複雑系」と呼ばれ、大気中の雲や低気圧などいろいろな現象が相互に影響を及ぼし合っていて複雑です。たとえば、雨が降る際、雨粒からは蒸発が起き、周囲を冷やしますし、また風も起きます。しかし、これらの新たな要素は、一方通行ではなく、同時に雲自体および周囲の場に跳ね返ります。複雑系とは、このように常に現象が相互に影響を及ぼし合い、自分も影響を受けるという関係です。

ところが、月や太陽の運動などは、この相互作用がほとんど無視できます。大気の運動のような系は、数学的に「非線形系」と呼ばれ、その行き先（時間的変化）を一義的に求められないのです。ちなみに大気の運動のこうした性質は、後述のように「カオス（混沌）」あるいは「バタフライ効果」と呼ばれます。初期条件（初期値）のごくわずかの相違が将来の状態に敏感に影響を与えることから「初期値敏感性」といわれています。対して、天体の運動は、相互作用がほとんど無視できるため「線形系」と呼ばれ、将来の動きの予測が十分可能です。

したがって、気象の予測にあたっては、毎回初期条件を設定して行なうことが不可欠となります。

なお、別章で述べるように、現在の週間予報や1か月予報、台風進路予報などでは、この初期値敏感性を考慮した予測技術（アンサンブル予報）が用いられています。

気象予測の基礎となる情報は「気圧」「気温」「密度」「風向風速」「水蒸気」の5つです。

これらの要素がキチンと予測できれば、それをもとに晴れや雨、波浪などの天気予報が可能です。

気象や海洋の観測は、天気予報にとって必要不可欠な作業ですが、予測作業での使用後は、それらのデータを蓄積して、予測モデルの検証や改善、気象学の研究のほか、天候の監視、さらに国内および地球環境の把握などに用いられています。近年の都市化に伴う気温の上昇である「ヒートアイランド現象」や地球温暖化などの検証が可能なのは、膨大な過去データの蓄積があるからです。

## 2 気象観測の体系

気象庁は、法律や規則などにもとづいて気象を観測し、天気予報や、多岐にわたる情報を発信するとともに、それらを記録・保存することにより、一般の利用のほか研究・教育分野での利用にも役立てています。気象庁以外の他の省庁や自治体などでも気象観測が行なわれています。

さて、観測という言葉は日常でも用いられますが、気象業務法で「観測」とは「自然科学的方法による現象の観察及び測定をいう」と定義されています。観察には、目視による晴雨を始めとする天気、雲の種類や高さ、雷、見通し距離である「視程」の観測なども含まれます。測定の例は、気圧計や温度計、風向・風速計など機械によるものです。

大気ははるか宇宙までつながっていますが、天気予報に実質的に影響を及ぼすのは、地表から50キロメートル程度の広がりです。対象とする気象要素あるいは現象によって、観測内容や手段（観測測器）、データの伝送や処理方法が異なります。

このような大気の状態を観測するために、さまざまな気象測器があります。気象庁は、これらを総合的に利用して天気予報などに用いています。図表2・1は、気象庁が展開している気象測器を、観測高度と水平分解能（対数目盛り）を座標軸に、整理したものです。水平分解能とは、水平方向にどれだけ細かく把握できるかの指標です。

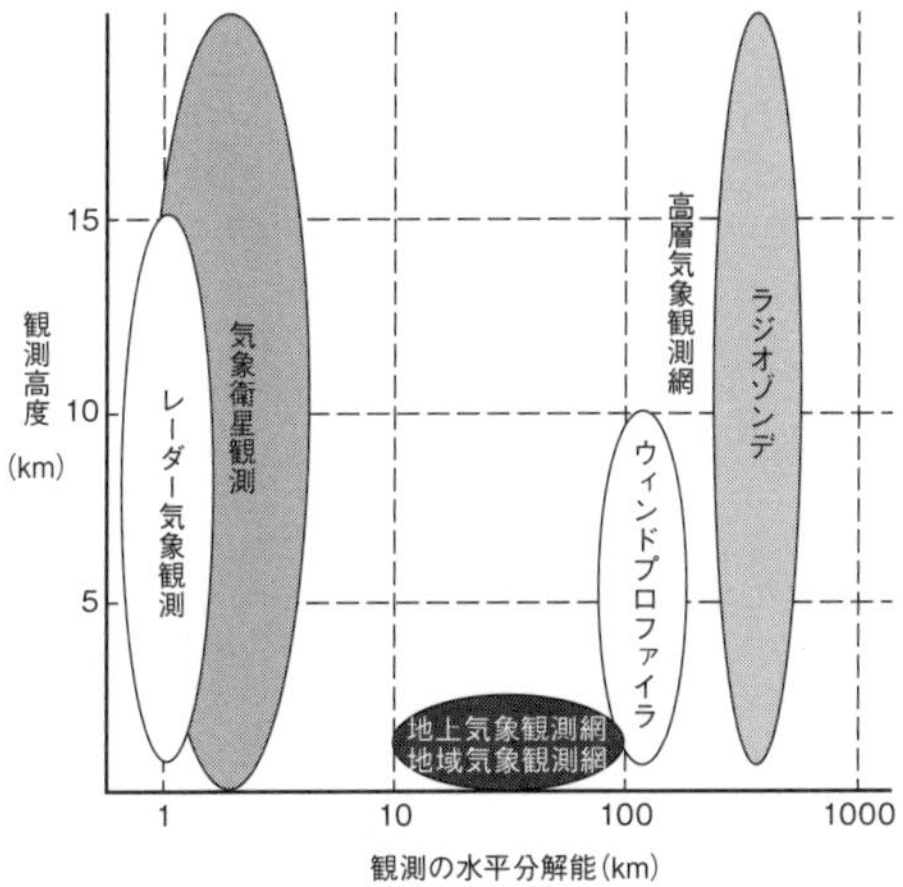


図表 2.1 ｜気象測器の観測高度と観測の水平分解能（気象庁資料をもとに作成）

この図の水平分解能で留意すべきことは、順次、説明しますが、地上気象観測網は全国約50か所の地方気象台などで、平均すると配置間隔は数十キロメートル程度、また地域気象観測システム（アメダス）は20キロメートル程度であることを考慮したものです。一方、気象レーダーの場合は、全国20か所に展開されていますが、単一のレーダーが持っている「水平分解能」は数百メートルであること、また気象衛星は1キロメートル程度であることを示しています。

## 気象観測の種類

気象庁の観測は、天気予報への利用を主

目的としたものと、気象を記録として留めておくことを目的としたものの2つの種類に大別されます。

前者は、「即時的データ」あるいは「リアルタイムデータ」と呼ばれ、日々の予報作業やさまざまな予測モデルの初期条件（初期値）として用いられるため、常に最新の観測データ（実況値）が必要です。これらのデータは観測現場から「通報」という形で予報中枢にもたらされます。

リアルタイムデータは、その性質上、時間経過とともにおのずと過去データに移行してしまいます。これらの過去データは、「非即時データ」あるいは「ノンリアルタイムデータ」と呼ばれます。使用済みのリアルタイムデータのほか、最高気温や最大風速、日射量などもノンリアルタイムデータです。これらのデータは気候などの解析のほか、道路の設定や建物の設計といった広範な分野に応用されています。

さて、気象庁の行なう気象観測の種類および方法は、気象業務法第四条（気象庁の行う観測の方法）を受けて、同法施行規則（運輸省令第百一号）で規定されています。その種類は、地上気象観測、高層気象観測、オゾン観測、海洋観測、火山観測、レーダー気象観測、生物季節観測など合計12種類に上っています。航空気象観測も行なわれています。また、気象庁以外の者による観測は、都道府県や自治体が行なうものなどで、同法第六条およびそれを受けた同施行規則で規定されています。

これら観測のほとんどは、国際的な技術規則に準拠して実施されており、国際的なデータ交換が行なわれています。また、これらの観測結果はそれぞれの気象官署に保存されています。ほとんどの官署では約100年規模の観測データを持っていて、誰でも閲覧できます。これらはヒートアイランド現象や地球温暖化の解明などの貴重なデータ資源となっています。

ここで気象観測システムの全体像を図表2・2に示します。

気象観測の手法は、測器を必要な場所に設置して直接的に観測を行なう場合と、観測対象と離れた場所から間接的に行なう場合の2種類に分かれます。図表2・2に見るように、前者には地上（「露場」と呼ばれる）に温度計や風速計を設置したり、室内に気圧計などの測器を設置したりして行なわれています。「地上気象観測」中には、「アメダス」の通称で知られている、無人観測施設による観測もあります。船舶やブ

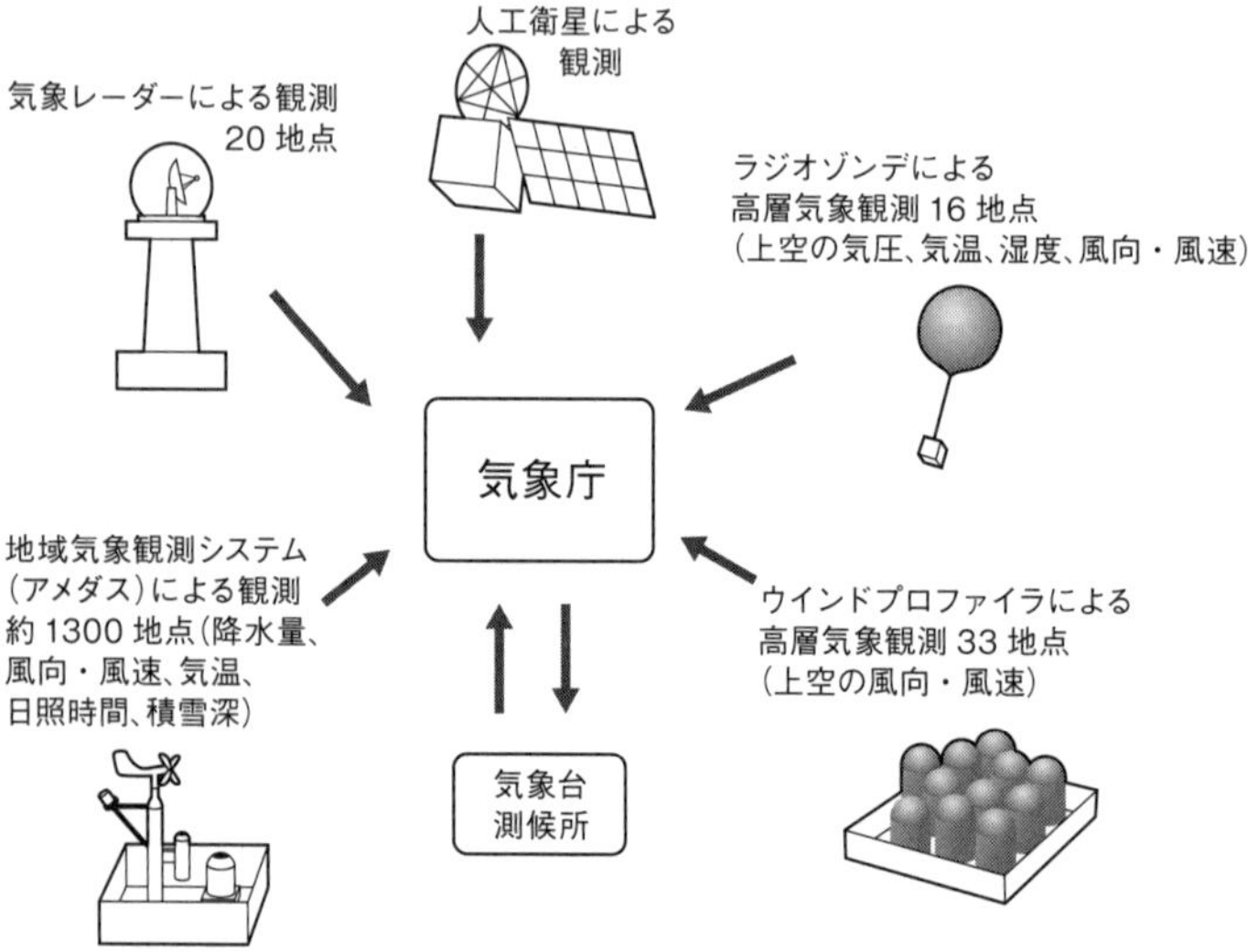


図表 2.2 | 気象観測システムの全体像 (気象庁資料をもとに作成)

イを利用した「海上気象観測」も同様に直接観測です。

後者の間接的な観測は、遠隔観測(リモートセンシング)と呼ばれ、気象レーダーや人工衛星などによって行なわれています。両者の観測とも、近年の技術の進歩により、コンピュータ化や精緻化が非常に進んでおり、ほとんどが自動化されています。

## 気象観測の技術基準

実際に個々の気象官署で行なわれている観測の細目は、気象官署観測業務規程（気象庁訓令）に定められており、また、観測に用いる気象測器は、気象測器検定規則（運輸省令）などの検定あるいは部内検査規則（気象庁通達）による検査に合格したものでなければならないと規定されています。

気象官署というのは、古めかしい言葉に聞こえますが、人が常駐して観測や予報・解説などを行なっている気象台や測候所のことです。なお、創立以来、長い歴史を持っていた八丈島や潮岬など全国約１００か所の測候所は、これまでの有人による観測の役割を終え、帯広および名瀬測候所以外はすべて２０１１年までに無人で自動的に観測や通報を行なう「特別地域気象観測所」に移行しました。特別地域気象観測所については、後で詳しく説明します。

気象観測は、気象庁以外に他の省庁や都道府県、市町村、企業などで行なわれており、その一部は天気予報のためにも有用であることから、予測に用いられています。気象業務法では、「気象庁以外の政府機関又は地方公共団体が気象の観測を行う場合には、国土交通省令で定める技術上の基準にしたがって、これをしなければならない」と定められていますが、研究および教育目的の場合は自由となっています。

しかしながら、個人や企業などでも、その観測成果を世間に対して公表する場合、あるいは災害の防止に利用する場合には、上記の技術基準に従うべきとされています。このことは誤った観測の流布による社会活動の混乱を避けるためです。また、技術上の基準に従って観測施設を設置した者は、気象庁への届出の義務が課せられています。

あまり知られていないことですが、一定規模（無線設備など）以上の船舶に対して、技術基準を満たした気象測器の設置と観測成果の気象庁への報告義務が法律により定められています。洋上での気象観測結果は、洋上の観測の空白域を埋める重要な役割を果たしており、特に台風が洋上にある場合など、日々の天気予報にとって、なくてはならないデータ資源となっています。

このほか航空機に対しても、同様の観測および報告義務が課されています。気象庁には、こうした船舶や航空機の航行を支援するべく、種々の気象予報などの提供が義務づけられています。ちなみに航空機で旅行する際に、飛行高度や速度、目的地の気象といった内容のアナウンスを耳にしますが、これは自機の観測や気象庁などのデータに基づいています。

## 気象観測データの通報

通報されるべき観測データは、国内向けの通報のほか、世界気象機関（WMO）技術規則に則って国際向けの通報が行なわれており、各国の気象主務機関による天気予報などに用いられています。

気象通報は一定の書式（フォーマット）が決められており、「国内気象通報式」と「国際気象通報式」の主に2種類があります。

たとえば、国際気象通報式の一種である地上実況気象通報式（SYNOP）は、船舶が行なう海上実況気象通報式（SHIP）と並んで、国際的に最も重要な気象通報に位置づけられます。通報形式は、通報すべき要素、その配列順序などがキチンと決められており、符号および識別語・識別数字からなる多数の群で構成されています。各通報式には、観測地点（国際地点番号）、観測日時、緯度・経度などに引き続き、各気象要素の値が5個の数字群で記述されています。一種の暗号電文です。これらの数字の組み合わせにより、雲量や風向・風速、天気、気温、気圧の実況のほか、前1時間降水量、観測時刻以前に観測された最高気温や最低気温、合計降水量、降雪量などが表されています。SYNOPを受信した海外の気象機関では、この電文を解読（デコード）して天気図を作成しています。

私事で恐縮ですが、筆者は最初の勤務地である大阪管区気象台で1年間、地上気象観測を、翌年から潮岬測候所では2年間、地上に加えて高層気象観測に従事していました。当時は現在と異なって、気象通報は数字暗号電文がモールス通信で中枢に伝達されており、今でも「トトトトツー（4）ツートト（7）ツートト（7）　ツートトト（8）……」とレシーバを耳に掛けて打電していたのを思い起こします。

図表2・3は、気象庁が作成・発行している、ASASと呼ばれる「アジア太平洋域実況天気図」の一例です。ASASは6時間おきに発行されます。国際気象通

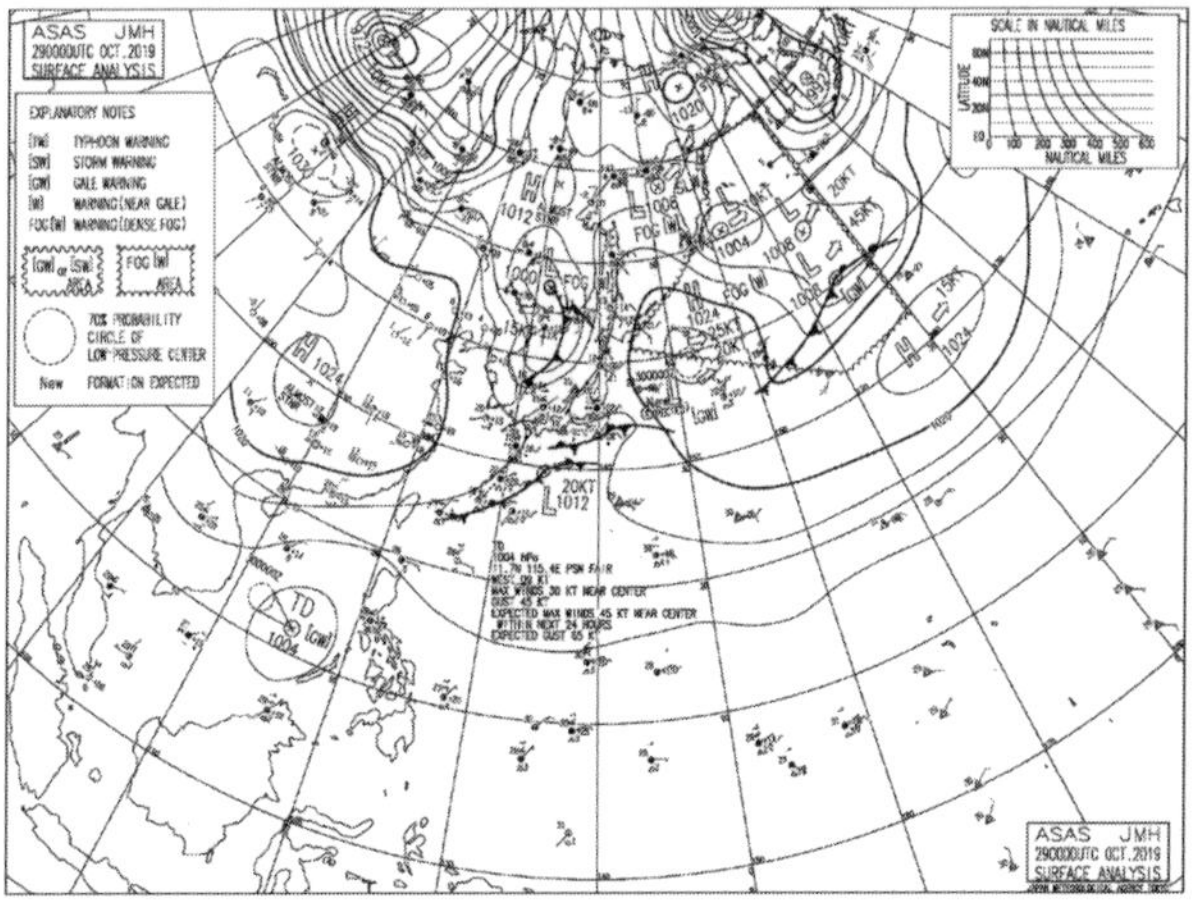


図表 2.3 ｜ ASAS: アジア地上解析天気図の例（気象庁資料）

報式から得られた情報をもとに、予報技術者が描画ソフトを利用しながら作図しています。

一方、地上気象観測には、前述のような、通報を目的とした観測以外に、気候観測という種別があります。気候観測の観測項目は、通報観測に比べて広範囲であり、気圧、気温、風といった基本要素の毎時値のほか、蒸発量や日射量、さらに、日最大風速や最大瞬間風速などの極値を含んでいます。毎時の値や最高気温のような極値が観測成果としてそれぞれの気象官署に保存されており、観測データは気候の監視、建物・橋梁の設計、農業など広範囲に利用されています。誰でも気象庁で閲覧でき、データの取得も「気象業務支援センター」や民間気象事業者を通じて可能です。ほとんどの気象官署では約100年規模の観測データを有しています。

## 国内・国際気象通信網

天気予報に必須の気象観測データは、国内外の関係者に迅速に伝送される必要があり、気象庁は東京都清瀬市に「気象資料総合処理システム（COSMETS）」を設置し、365日24時間体制で、すべての気象データの収集・編集・中継処理を行なっています（図表2・4）。同時に、国際機関とのデータ交換を行なったり、政府機関に必要なデータを伝達したりしています。地震や津波に関する情報もこのシステムを経由して伝送されています。

国際的な気象データの交換は、国際気象回線と呼ばれる専用回線を通じて行なわれており、一部、インターネットも利用されています。気象通信はWMOの統一のもとで全球通信システム（GTS：Global Telecommunication System）と呼ばれる体制

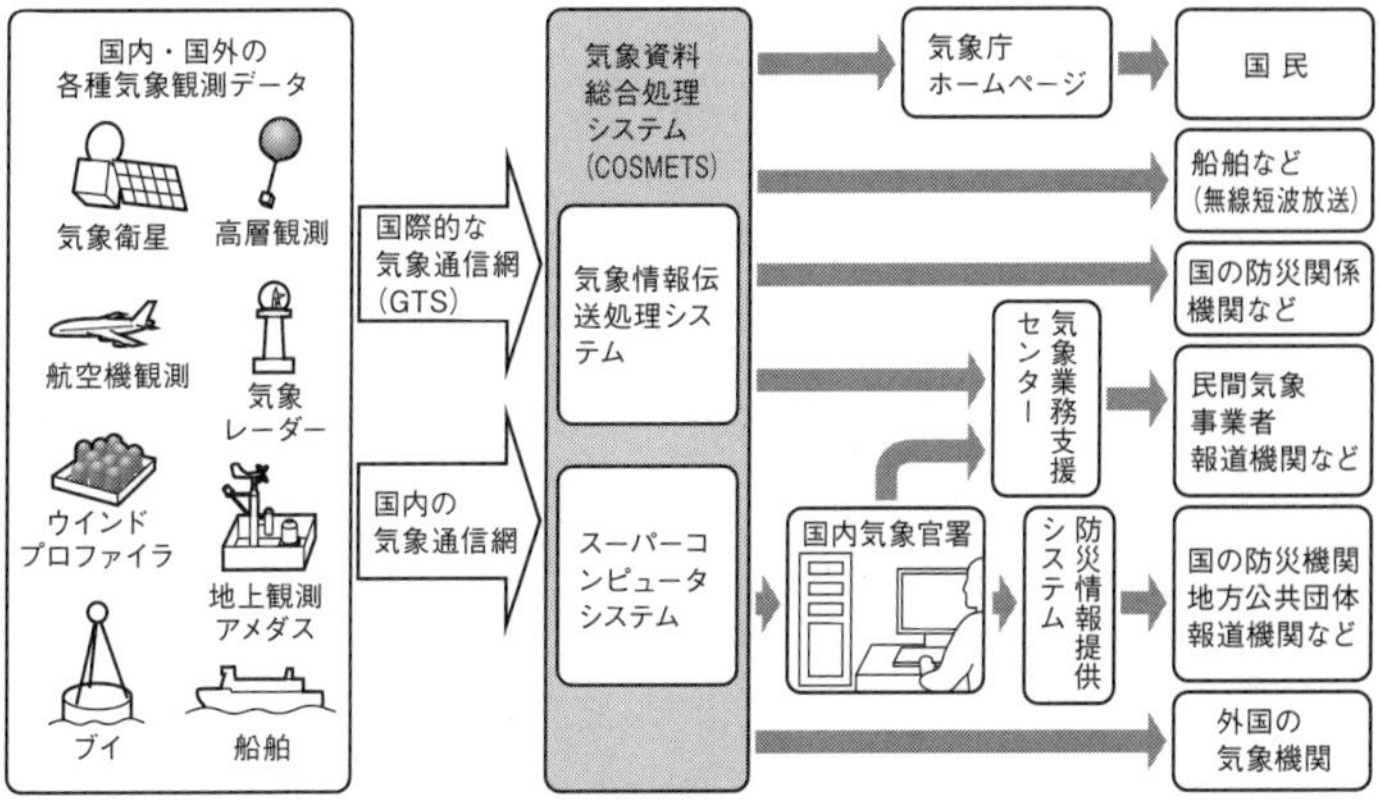


図表 2.4 | 気象庁の情報通信システムの概要(気象庁資料をもとに作成)

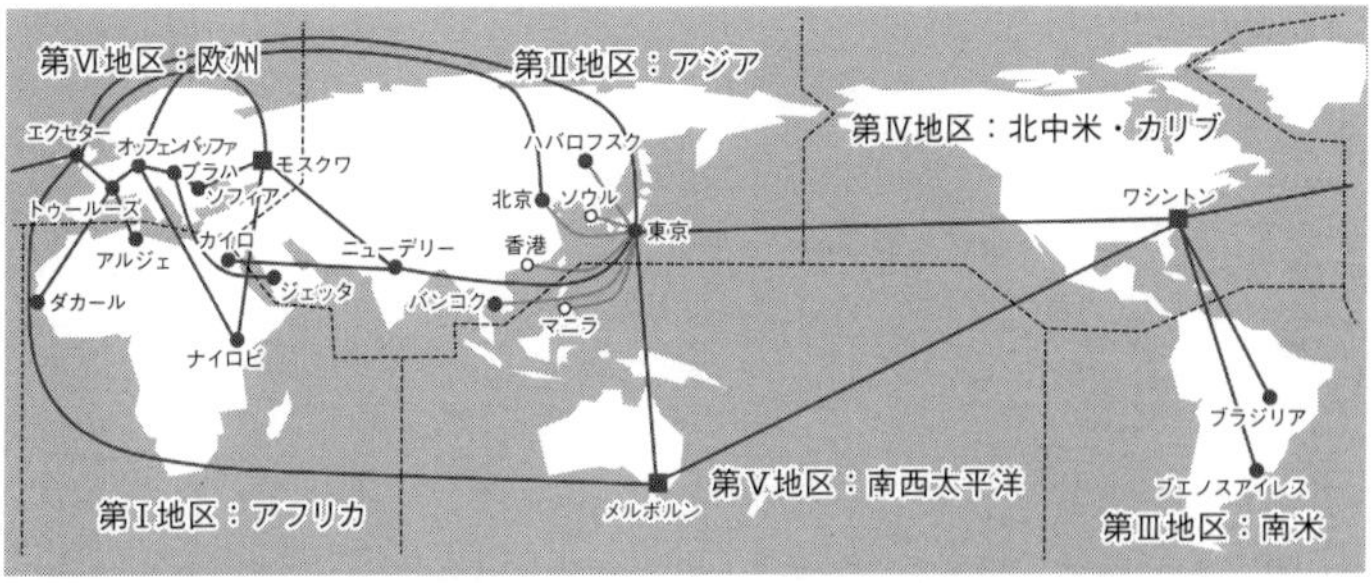


図表 2.5 | 全球通信システム(GTS)(気象庁資料をもとに作成)

が整えられています（図表2・5）。ワシントンとモスクワ、メルボルンを核として、日本はアジア地域における中心的な役割を果たしていることがわかります。

## 3　地上気象観測

ここからは、さまざまな気象観測の詳細を説明していきます

地上気象観測は、最も基本的な観測であり、地上における気圧、気温、湿度、風、降水、雲、天気、日射などの観測と定義されています。さらに、地上気象観測は、前述のように通報観測と気候観測とに分けられています。

地上気象観測を観測網として見ると、次の三つの網から成り立っています。有人である地方気象台などの気象官署、無人である特別地域気象観測所、同じく無人のアメダス（正式名は地域気象観測システム）です。図表2・6に、アメダスを除く、全国

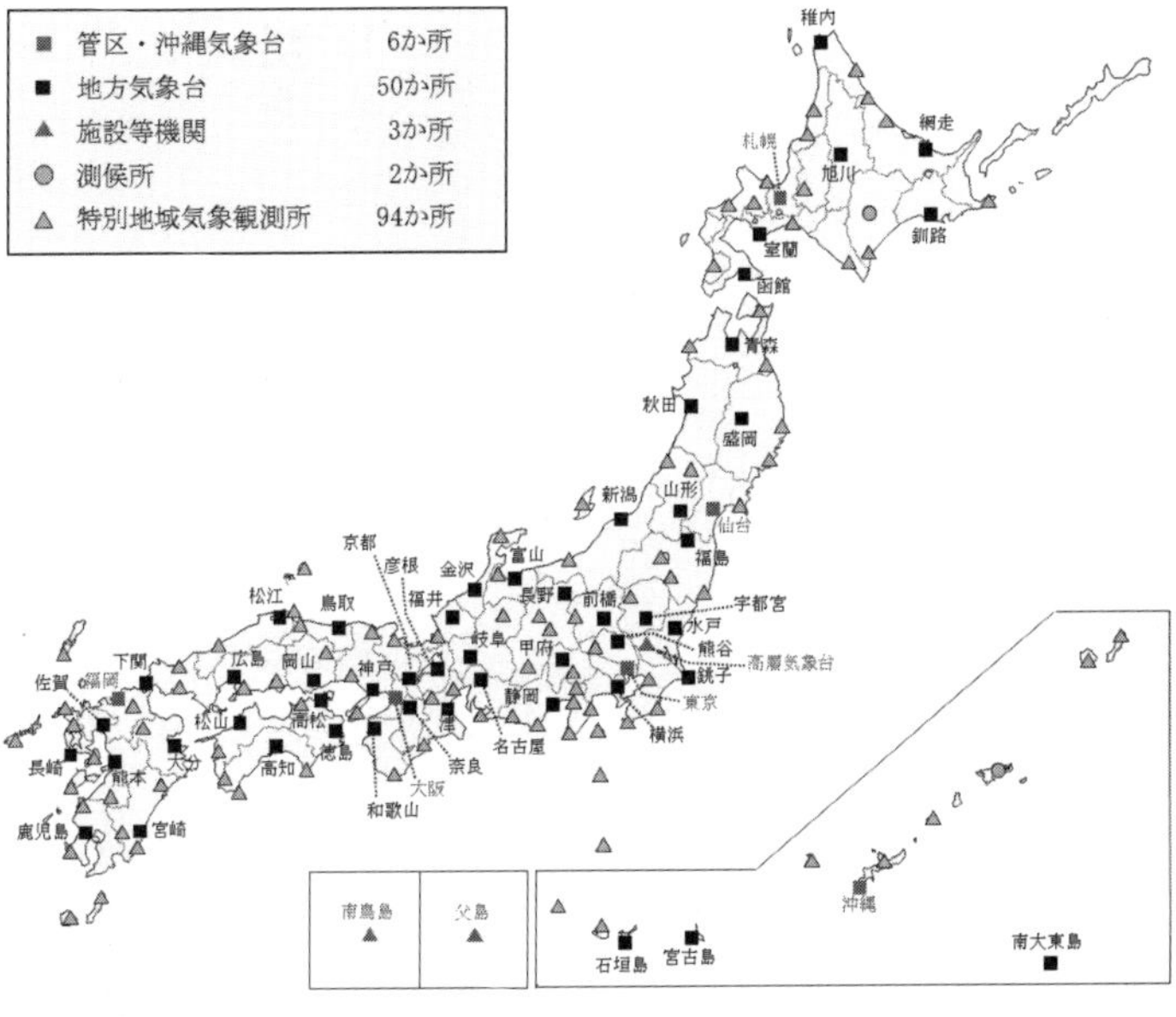


図表 2.6 ｜地上気象観測網（気象庁資料）

の地上気象観測網を示します。
なお、それぞれの観測所で、観測項目や通報回数などが異なっています。

## 気象官署での観測

ここで述べる気象官署は、ほとんどすべてが地方気象台を意味します。気象台には台長以下30人程度の職員が勤務しています。そこでの地上気象観測は、「地上気象観測装置」（図表2・7）と呼ばれる、総合的な気象測器と目視によって行なわれています。この装置で気温、気圧、風、湿度、降水量、日照時間などを自動的に観測し、雲（種類、量、高さ）、視程、天気現象といった項目は目視によって観測しています。ちなみに、前述の通報電文はこの装置により自動的に作られる通報電文案に目視要素を観測員が入力し、発信されています。

気象庁が風向・風速というとき、風速は地上高10メートルで測定した10分間平均、風向は観測時の風が吹いてくる方向を意味します。

台風の接近時などに発表される瞬間風速は、3秒間の風速の平均値で、一般に風速

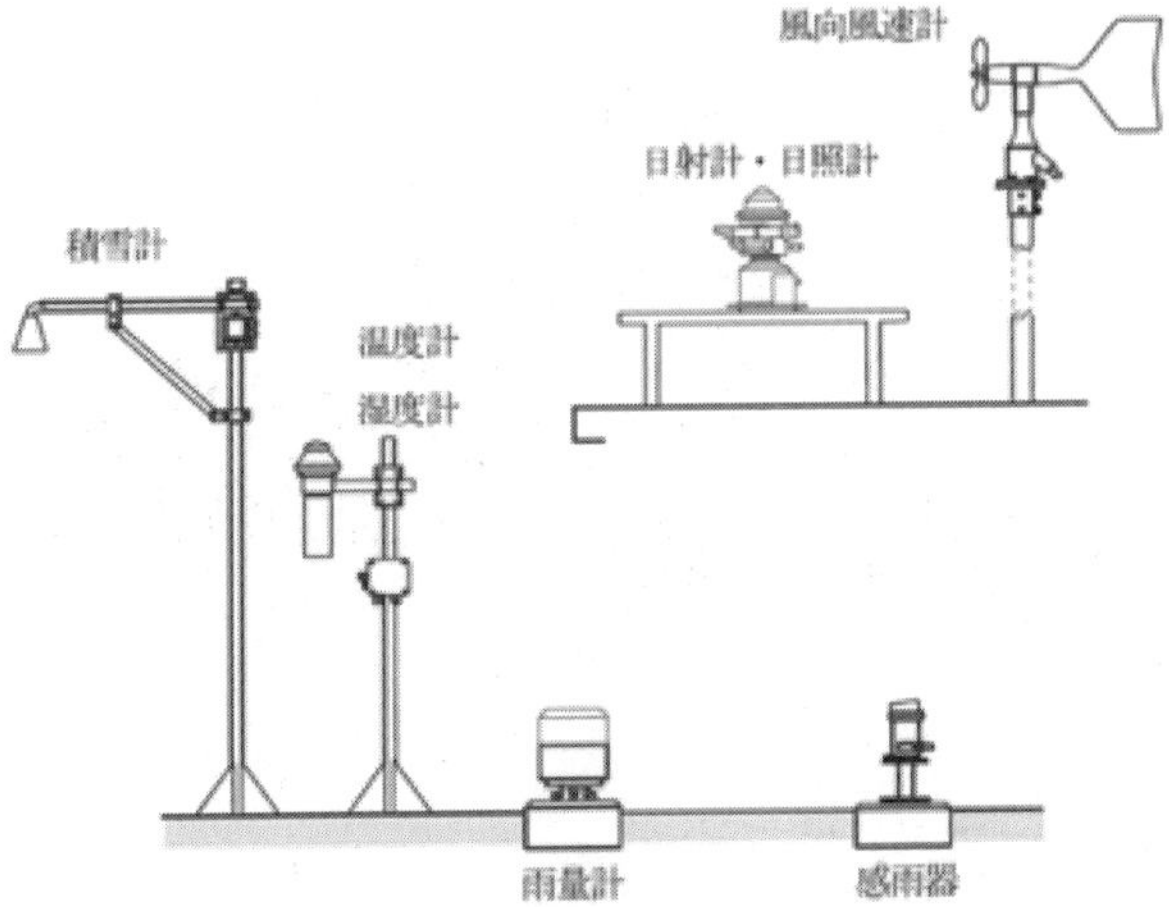


図表2.7｜地上気象観測装置（気象庁資料）

の1・5倍程度大きくなるといわれています。

ちなみに、各空港にも同様の装置が整備されています。なお、航空機の発着に利用される滑走路付近の風速は、国際基準に基づいて2分間の平均です。参考までに、アメリカのハリケーンに対して報じられる最大風速は、サステインドウインド(sustained wind）と呼ばれる1分間平均であり、日本の台風の場合と異なっています。

地上気象観測を行なう場所は、図表2・8に示したように「露場」と呼ばれ、気温、湿度、雨量などを観測する「地上気象観測装置」が設置されています。なお、風向風

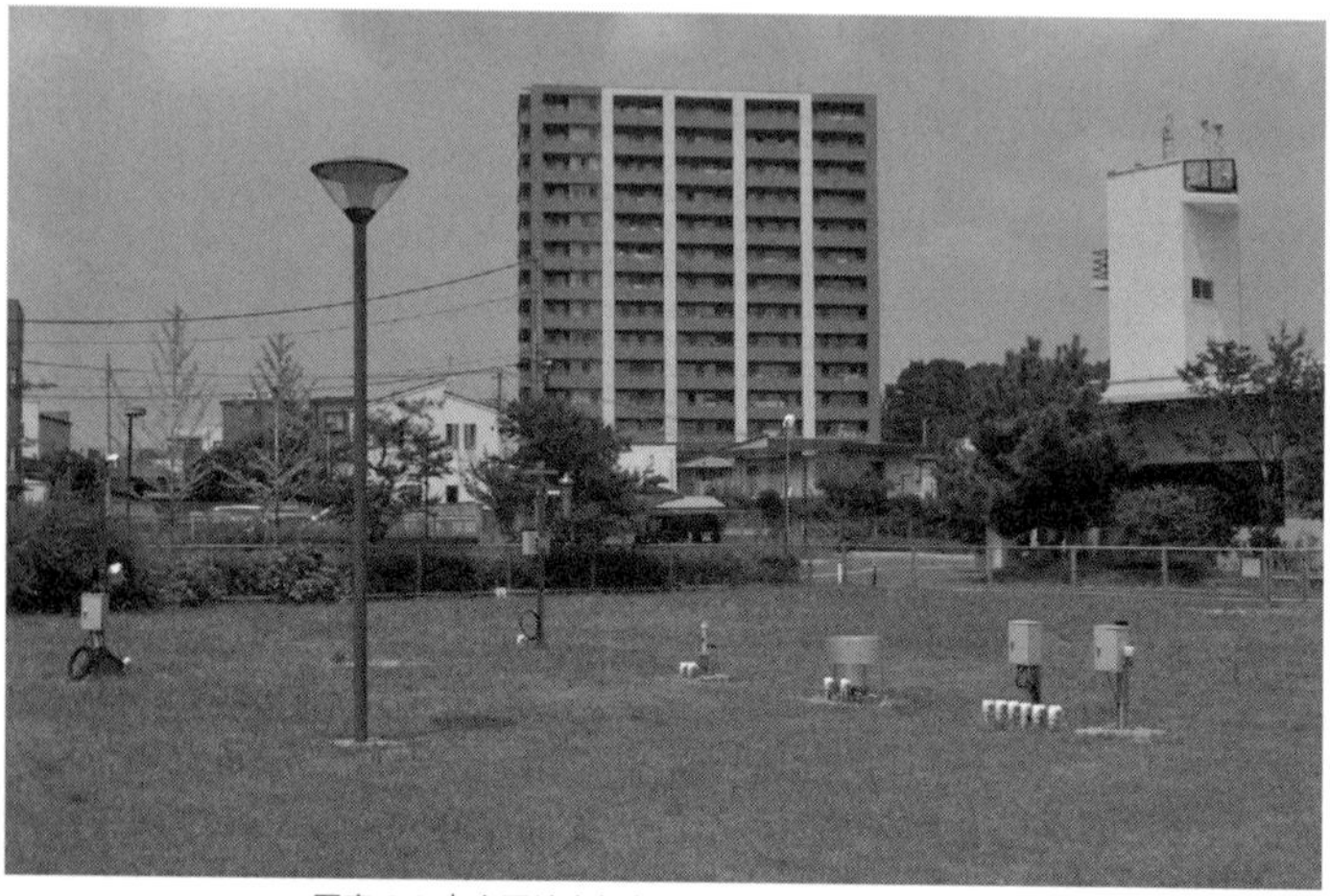

図表 2.8｜水戸地方気象台の観測露場（著者撮影）

速計は地上10メートルに設置するのが基本ですが、都市部の気象官署では20メートルを超える場所に設置しているところもあるので注意が必要です。

気温と降水の観測についても具体的に見てみましょう。気温は毎時、電気式温度計、または携帯用通風乾湿計を用いて、摂氏0・1度の単位で観測されます。最高・最低気温については、それぞれの起こった時刻（起時）と値が観測されています。

降水量は、気温や気圧といったある時刻の値ではなく、ある時間内の降水の積算値であり、1時間降水量、日最大1時間降水量などがあります。いずれも単位はミリメー

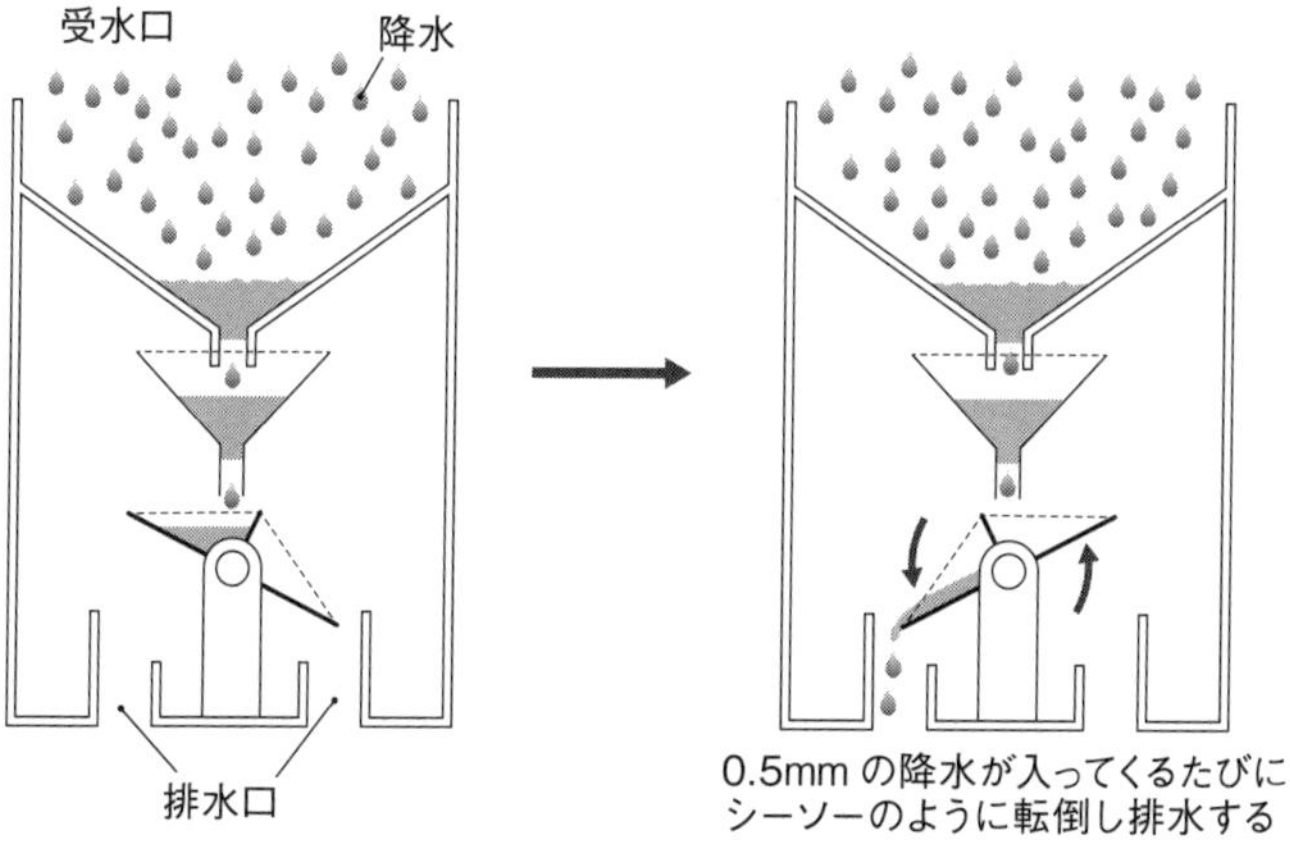


図表 2.9｜転倒マス型雨量計の構造

トルで、0・5ミリメートル単位で観測されます。降水量は、図表2・9に示すような、直径20センチメートルの円筒内の底部に、「ししおどし」とまったく同じ原理の転倒マスを持つ測器（転倒マス型雨量計）で測定されます。マスの容量がちょうど0・5ミリメートル分の降水量と等しくなっており、それに達するとマスが転倒し0・5ミリメートルとカウントされるのです。したがって、実際には0・1ミリメートルや0・4ミリメートルの降水があっても、マスが転倒しないので降水はないことになります。

ちなみに日降水量や日最高気温など

の「日」の区切りを「日界」と呼び、すべて日本標準時の24時制を採用しています。なお、例外として、降雪の深さの日合計は9時または21時、日最深積雪は9時、21時または24時です。

## 特別地域気象観測所

先述のように、かつての測候所は「特別地域気象観測所」に移行されました。気象観測項目のうち、気温、降水量、風向・風速などの観測については、自動化の技術が確立されたためです。有人の測候所時代と同様の自動気象観測を行なうとともに、それまで観測者が行なっていた「現在天気」の観測については、視程計や感雨器、温度計などの観測結果を利用して自動で判別しています。したがって、特別地域気象観測所における「現在天気」、つまり、根室や潮岬などの観測ポイントにおける「現在天気」は、実際の天気や大気現象を捉えた有人の気象観測所のデータとは異なることがあります。また、以前の測候所が行なっていた気象情報の提供や解説などの業務は、最寄りの気象台が引き継いでいます。

図表2.10｜アメダス観測所（茨城県下館、著者撮影）

## アメダス

アメダス（AMeDAS）は、Automated Meteorological Data Acquisition Systemの略で、降水量や気温、風向・風速、日照時間などを無人で観測しているシステムのことです（図表2・10）。関西弁的な語感と相まって、広く親しまれています。世の中にこれと似た商品名やシステム名は数多く見受けられますが、やはり最も有名な4文字カタカナの一つではないでしょうか。

アメダスは、もともと農業を主対象とした、降水量や気温などの観測を人手をかけてコツコツ行なっていたのを、自動化したものです。きっかけは昭和40年代の後半に、公衆電話回線を利用したデータ通信が初めて可能になり、１回分の観測データ通報の送信費用が１度数相当の通話料金で済むようになったことでした。

ここでアメダスの歴史に簡単に触れておきます。気象庁は、気象台・測候所の観測網よりもさらに細かい地上気象観測網として、１９７０年代初頭には区内観測所といわれていた甲種気象観測所（明治時代～）や、水理水害対策気象業務としての乙種観測所（１９５３年～）を、部外に委託して運営してきました。さらに気象庁が運営する無人の農業気象観測所（１９５９年～）を含めると、その総計は約１８００地点に達していました。しかしながら、これらはすべてオフラインの観測網で、データ送信の手段は郵送でした。一方、気象庁の82地点の有人の気象通報所（１９５３年頃～）と、山間地に設置した２００地点を超す無線ロボット雨量計（１９５４年～）は、リアルタイムでデータを送信していました。

１９７４年にこれらの観測所を整理し、さらに新たな地点も選定し、データを電話回線または無線回線で気象庁本庁までリアルタイムに送信するという、革新的な地上気象観測網「地域気象観測システム（アメダス）」の展開が始まりました。

１９７９年に全国１３１６地点の観測網が完成しました。

地形などの都合でバラツキはあるものの、アメダスは平均すると降水量観測に関しては全国17キロメートル間隔、４要素（降水量、気温、風向・風速、日照時間）に関しては21キロメートル間隔の高密度なリアルタイム観測システムとして、現在でも世界第一級の水準を誇っています。現在、有人の地方気象台も含め降水量の観測所は全国に約１３００地点であり、このうちの約８４０地点では4要素を、また雪の多い地方を中心に約３２０地点では「積雪深計」を設置して積雪の深さを観測しています。２００５年からは航空気象官署のデータもアメダスに組み込まれるようになりました。現在や過去のアメダスの観測値は気象庁のウェブサイトで「アメダス」と検索すれば、手軽に見ることができます。

現在、気象官署とアメダス観測所からの観測値をリアルタイムで気象庁本庁に集め、一括処理しており、瞬間風速、最高・最低気温のほか、気象官署の気圧・湿度の値も10分ごとに収集されています。

ここでアメダスと前述の地上気象観測の相違点を挙げておきます。

① どちらも気象庁の観測だが、アメダスデータは国内通報のみ。

② アメダスの観測所は無人であり、自動観測・通報。

③ アメダスは観測要素が非常に限定されている。

④ アメダスで観測・通報されるデータは毎正時から10分ごとである。したがって、アメダスによる最高・最低気温は、あくまでこの10分刻みで得られたものであり、先の地上気象観測での値とは異なる。一方、気候観測および通報観測では分単位で極値が得られる。

⑤ アメダスは有人の地上気象観測に比べて、観測所の数が極めて多い。降水量は約1300か所、気温や風などは約840か所である。

アメダスに関する業務は、気象庁内では地域観測業務と呼ばれ、その内容は地域気象観測業務規則（気象庁訓令）で以下のように規定されています。

観測種目　降水量、気温、風向・風速、日照時間、積雪の深さ

気象測器　有線ロボット気象計、有線ロボット雨量計・積雪深計、無線ロボット雨量計、地上気象観測装置または航空用地上気象観測装置
観測時刻　0時から10分ごと

アメダスが4要素観測と呼ばれており、また日照時間があるのに気圧や湿度が含まれないのは、上記のように農業目的に端を発していることや無人・自動観測技術のためです。

アメダスを運用するため地域気象観測センター（アメダスセンター）が気象庁にあり、毎正時になると各観測ポイント側から自動的にセンターにアクセスし、自動観測データを通報しています。逆にアメダスセンターから任意の観測ポイントのデータを照会することもできます。

# 4 高層気象観測

高層気象観測のデータは、日々の予報作業はもちろん、数値予報の初期条件、航空機の運航などに不可欠です。日本の高層気象観測は、おもに、ラジオゾンデとウィンドプロファイラの2つから成り立っています。このほかに航空機による観測がありま す。

気球を上昇させて測定するラジオゾンデには、「レーウィンゾンデ」や「GPSゾンデ」といった種類があります。「ウィンドプロファイラ」は地上に設置されたアンテナ系を用いて行なう観測です。

なお、気象庁が運航させている船舶（啓風丸）でも観測が行なわれています。

ラジオゾンデ（radiosonde）は、気球の浮力によって上昇し、1つあるいは数種の気象要素（気圧、気温、湿度など）を測定する感部（センサ）と、観測データ（測定値）を観測所へ送るための無線送信器を備えた測定器です。ラジオゾンデは、一般的には電波（radio）を利用して大気を探査する（sonde）測定器の総称であり、ラジオゾンデを用いた観測には、以下の種類があります。

①　ラジオゾンデ観測（radiosonde observation）　ラジオゾンデにより上層大気の気象要素、一般に気圧、気温、湿度を測定する観測。ラジオゾンデには気球に取りつけて上昇させるもの、あるいは、パラシュートをつけて航空機やロケットから落とされるもの（ドロップゾンデ）があります。

②　レーウィンゾンデ観測（rawinsonde observation）　ラジオゾンデ観測の一種。次に述べるレーウィン観測（rawin observation）を同時に行なう観測で、現在、16か所で行なわれています（図表2・11）。レーウィン観測は、電波を発射する機器を取りつけた気球を地上で追跡し高層風のみを測定する観測。

③　GPSゾンデ観測（GPS radiosonde observation）　レーウィンゾンデと同様に、上空の気圧、気温、湿度、風向・風速を観測できる。ゾンデの位置の観測には、

図表2.11｜レーウィンゾンデ観測地点（気象庁資料）

GPSが利用されている。

レーウィンゾンデ観測とGPSゾンデ観測は、明日や明後日の天気予報の対象となる、高・低気圧（総観規模のスケールと呼ばれる）の状況を捉える役割を担うことから、世界中同時刻（世界標準時の0時と12時：日本時間の9時と21時）に実施されます。

なお、実際に気球を地上から飛揚する時刻は、その時刻の30分前とするよう定められています。これはゾンデ気球が、毎分約300メートル上昇するので、30分後には、約10キロメートルほどの上空の大気を観測できるようにするためです。

なお、レーウィンゾンデとＧＰＳゾンデによる高層気象観測は日本では16か所、世界のおよそ８００か所で行なわれています。

## ●観測方法

水素ガスまたはヘリウムガスを充てんしたゴム気球にラジオゾンデを吊り下げ、上空に飛揚します。気球の運動速度はほぼ一定で、上昇し、水平方向には風と一緒に流されながら、約30キロメートル上空まで上昇します。地上から飛揚したラジオゾンデは、30分後に高度約10キロメートル、90分後には高度約30キロメートルに到達して破裂し、パラシュートにより緩やかに地上へ降下します。

ちなみに、冬季に日本海側の輪島などで飛揚されたゾンデが、西風で流されて東京の近郊で回収されることがあります。また、夏季は上空の風が弱いため陸域に落下する場合があり、時おり回収されます。

ラジオゾンデは、上昇中に大気を直接測定し、その結果を刻々と電波で地上に送信します。地上では受信したラジオゾンデの信号を解析することで、地上から気球が破裂するまでの大気の状態を連続的に知ることができます。

上空の風が強い場合にはラジオゾンデが上昇し再び地上に落下するまで、偏西風に流されて、観測所から100キロメートル以上離れた位置まで運ばれることがありますが、観測所の上空のデータとして扱われています。図表2・12は自動観測の飛揚風景を示しています。

レーウィンゾンデは、発泡スチロールの小箱の中および外部に、各種の観測センサを備えています（図表2・13）。

気温の観測には、サーミスタ温度計と静電容量式温度計の2種類が用いられています。湿度の観測にはカーボン湿度計あるいは薄膜コンデンサ式が用いられています。

気圧の観測センサは、地上気圧から約5ヘクトパスカルまでの間を測定するもので、アネロイド空ごう気圧計（容量式）と半導体気圧計の2つがあります。

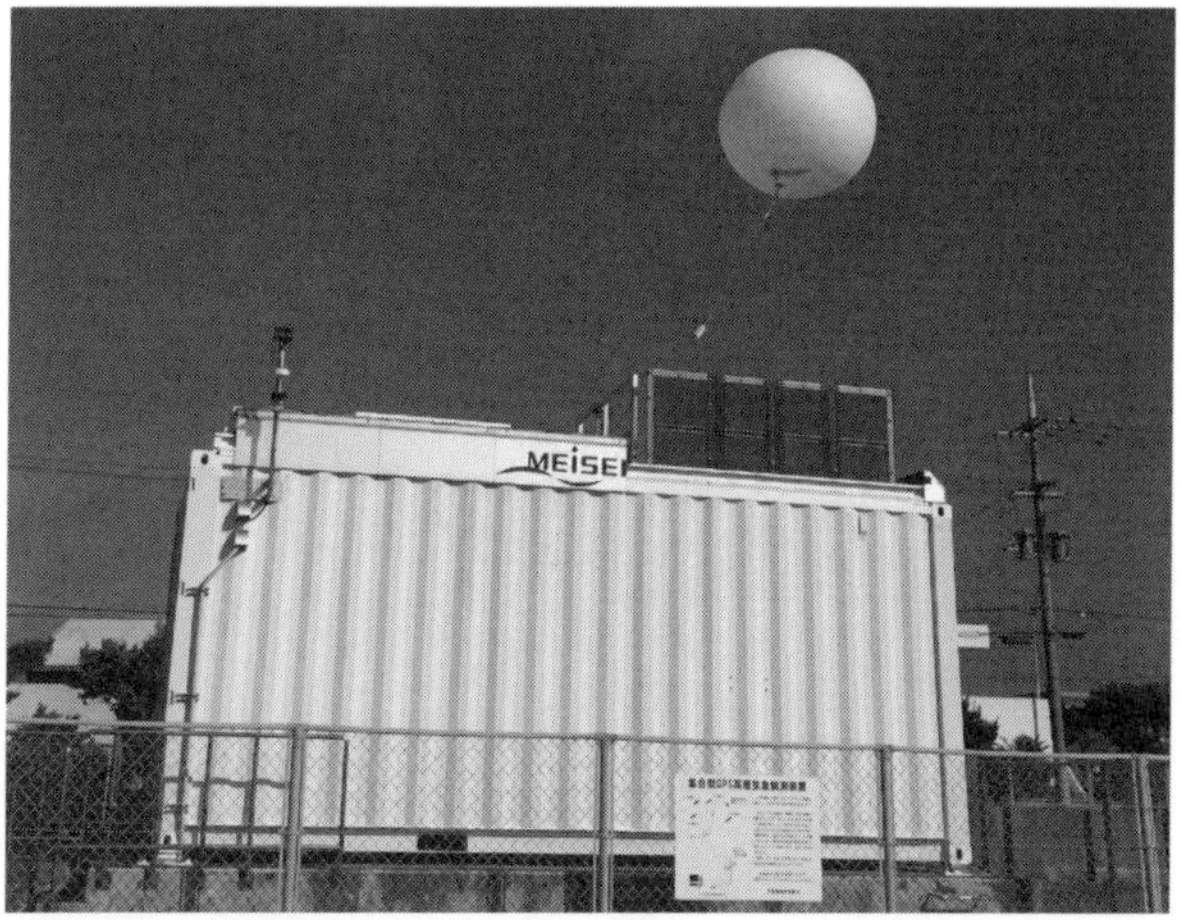


図表 2.12 ｜ゾンデの飛揚風景（気象庁資料）

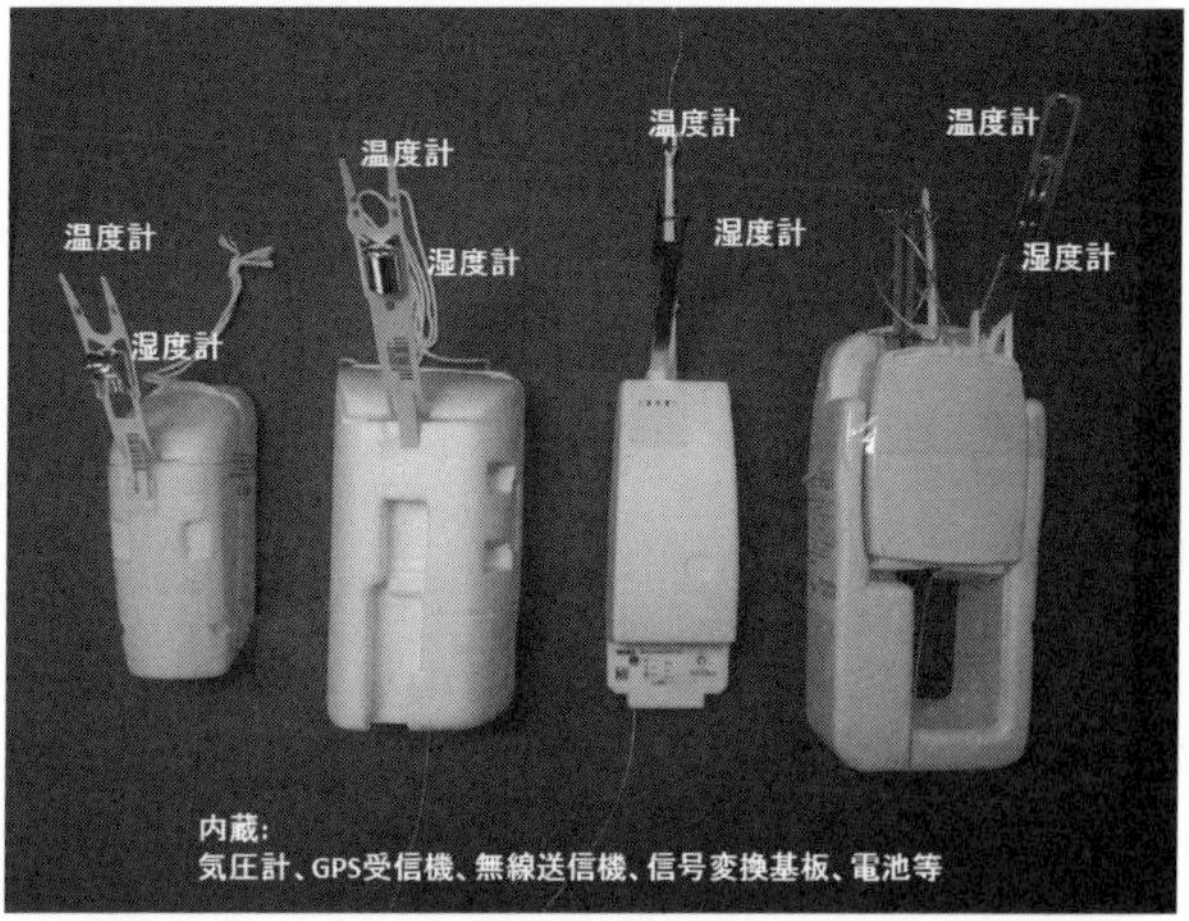


図表 2.13 ｜レーウィンゾンデの外観、右端は GPS ゾンデ（気象庁資料）

## ●ラジオゾンデによる高度の観測

ラジオゾンデ観測では気球の気圧は時々刻々観測されますが、その高度は直接には観測できません。このため、気球の高度は測高公式と呼ばれる式にしたがって、下層から順次高度を求めています。測高公式の原理は、求めたい気層の厚さ（層厚）の下面と上面それぞれの気圧、気温、湿度からその厚さを算出することです。

## ●GPS測位での気圧の計算

GPSゾンデは、気温、湿度の観測は上述のレーウィンゾンデと同じですが、気圧計は搭載されていません。また気球の3次元的な位置がGPS測位により、時々刻々わかります。したがって、GPS測位により求めた高度と、観測された気温、湿度を用いてその高度に対応した気圧を算出できます。

なお、ラジオゾンデによる風の観測は、ラジオゾンデが風と一緒に動いていることを前提に、その水平変位（移動）成分から求められます。

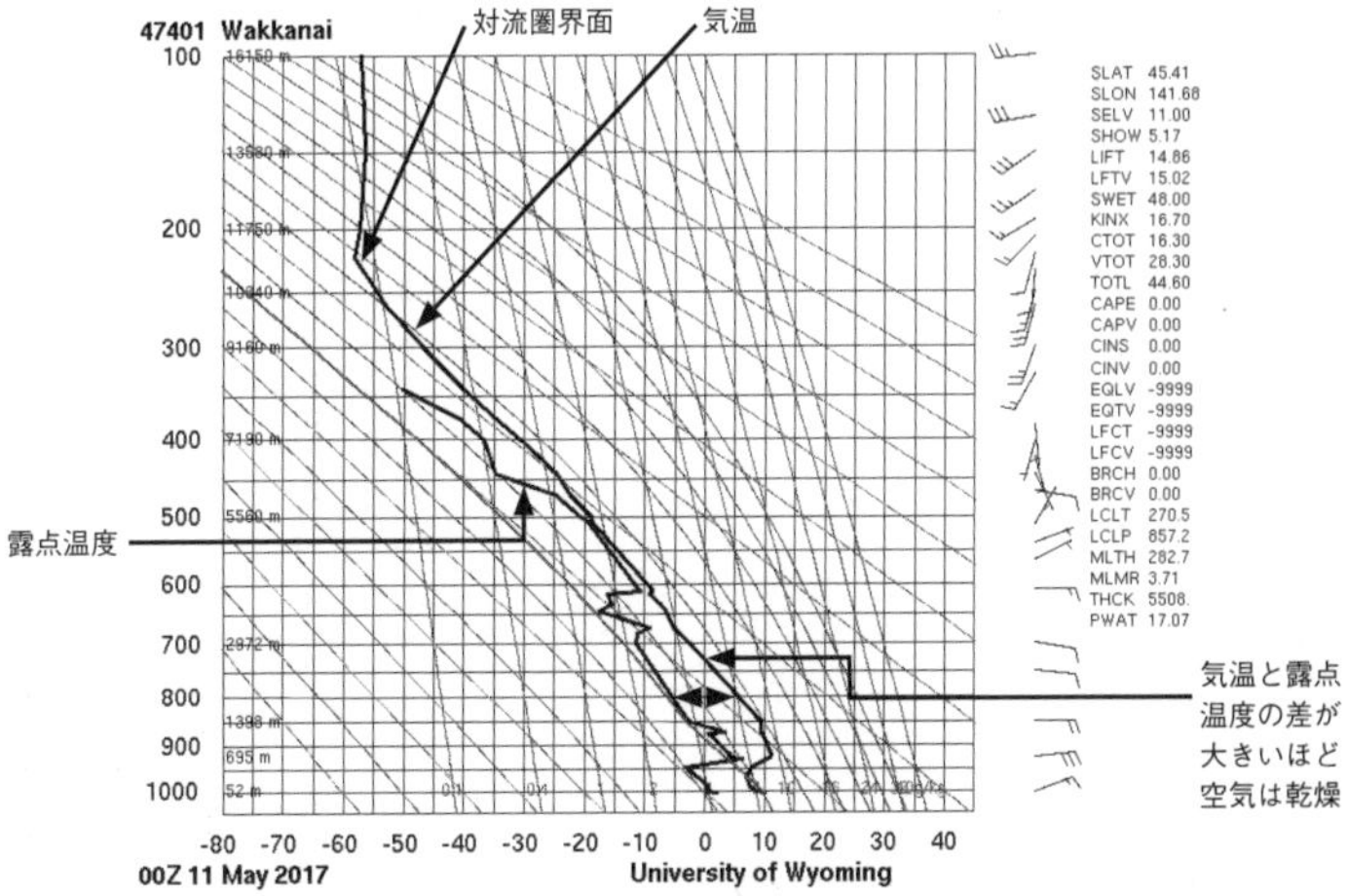


図表2.14｜稚内における高層気象観測の結果「エマグラム」

## ●ラジオゾンデのプロダクト

ラジオゾンデ観測から得られた気温、湿度および風向・風速のデータは、国際気象通報式にしたがって国内および世界に向け通報されています。ラジオゾンデによって観測されたデータは、気象庁においては、各種天気図の作成や数値予報モデルの初期値として使用されるのをはじめとして、気候変動・地球環境監視や航空機の運航管理など多方面で利用されています。

図表2・14は、稚内における高層気象観測の結果を図にしたもので「エマグラム」と呼ばれます。エマグラムは横軸に気温を等間隔で目盛り、縦軸に気圧を対数で目

盛ったグラフです。エマグラムは、「状態曲線」とも呼ばれます。

状態曲線を見れば、図中に示したように、上空の気温分布や湿り具合などがわかるので、たとえば、寒気がどの高度に侵入しているか、どの層で大気が不安定かといったことが分析できます。対流圏と成層圏の境である「圏界面高度」もわかります。さらに図の右欄外に描かれている風向・風速を見れば、上空の風の分布がわかります。

## 5 気象レーダー

### 気象レーダー

現在はスマートフォンで、どこかで雨や雪が降っている様子をリアルタイムに把握することができます。気象レーダーは、降水の実況監視のほか、雨量がどのように分布しているかを示す「解析雨量」や「降水ナウキャスト」、「降水短時間予報」といった雨量の予測に利用されるなど、天気予報にとって重要な観測の一つです。また、あまり知られていませんが、数値予報モデルの初期条件の解析などに用いられています。雨と雪の両方を指す用語が「降水」で、それらが降る様子は「降水現象」と呼ばれます。この降水現象を把握するのが「気象レーダー」です。

図表2・15は、長野県車山に設置されている気象レーダーで、屋上の丸い施設の中に図表2・16のようなパラボラアンテナが設置されています。

第1号機が1954（昭和29）年に大阪に設置されて以来、昭和30年代に全国展開が図られ、現在20か所で運用されています。実用的な探知範囲は半径約200キロメートルです。

なお、富士山頂にかつてあった富士山レーダーは探知範囲約800キロメートルを誇っていましたが、気象衛星などの新しい観測手段の登場により廃止され、現在では、代わりに新設された長野県（車山）、静岡県（牧之原）と既存の東京レーダー（千葉県柏市）で関東域のカバーが図られています。ちなみに富士山レーダーは、現在、山梨県富士吉田市の「富士山レーダードーム館」で展示されています。

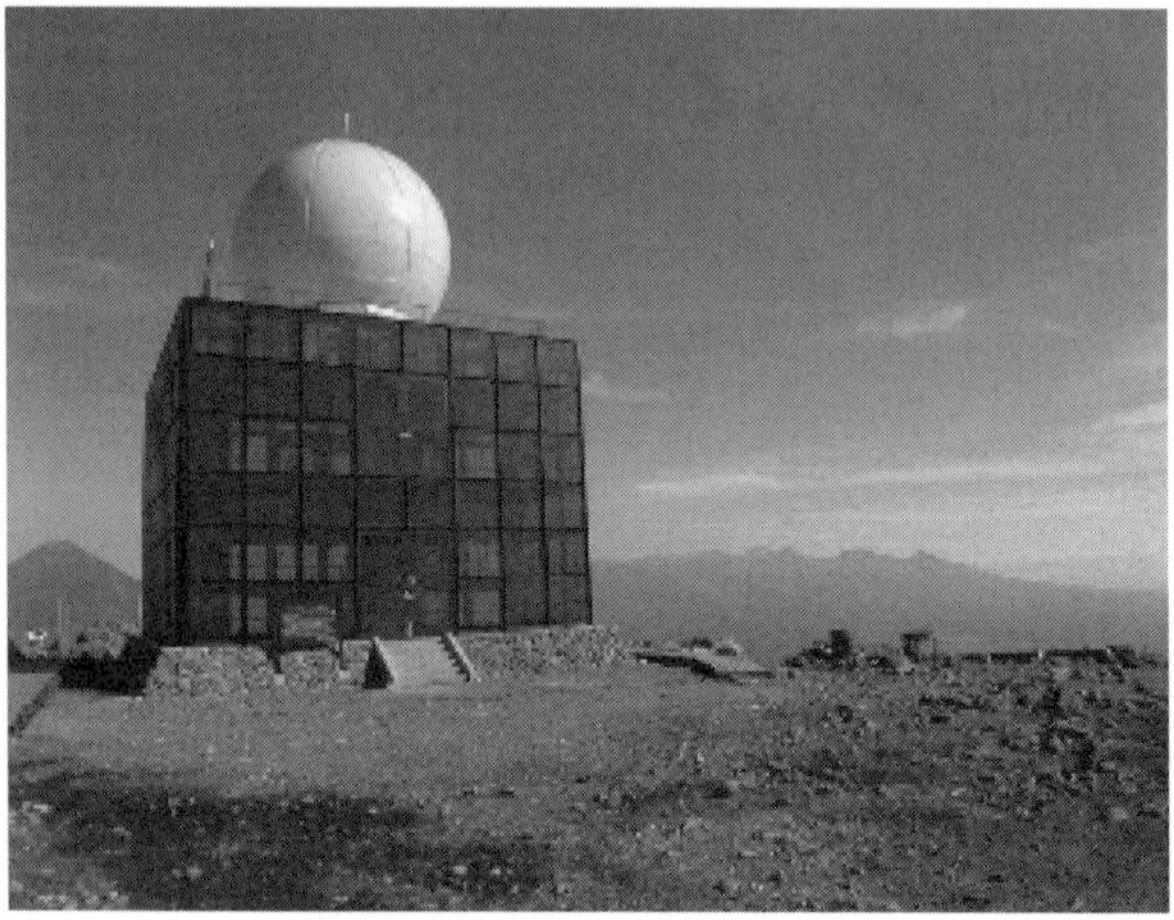

図表 2.15 | 長野県車山に設置されている気象レーダー（気象庁資料）

図表 2.16 | 気象レーダーのパラボラアンテナ（気象庁資料）

## ●観測の原理

光を鏡に照らすと反射してきます。電波も光と同じ電磁波の仲間であり、気象レーダーの場合は、鏡に相当するのは空気中に浮かんでいる雨粒あるいは雪粒です。具体的には気象レーダーではパラボラアンテナが指向する方角に電波を発射し、その経路上に存在する降水粒子（雨粒、雪片、雹、あられ）によって反射（正確には散乱）されてレーダーに戻ってきた電波を受信し、この受信信号（エコー）から目標物（降水粒子）に関する情報を取り出しています。

パラボラアンテナを360度回転させることで全方位を探知し、さらにアンテナの仰角を変えることで高度方向の情報を得ることができます。エコーには、目標物までの距離・エコーの強度・位相（電波の谷と山）という3つの情報が含まれています。

気象レーダーを用いれば、アンテナを中心とする半径数百キロメートルの領域の降水の分布を3次元的に、ごく短時間（数分以内）で把握することができます。たとえば、台風の「スパイラルバンド（渦巻き状の降水域）」や前線に伴う線状降水帯の全体像とともに、それらに含まれるより小さなスケールの積乱雲などの形状や動向も捉えます。また電波の持つ「ドップラー効果」を利用したレーダーを用いると、ダウンバーストや竜巻といった突風などの風の状況を監視することができます。

## ●降水までの距離

電波は光速（1秒間に約30万キロメートル）で伝播するので、レーダーが電波を発射してから戻ってくるまでの時間に光速をかけて2で割ると目標物までの距離が得られます。しかし、電波を連続的に発射すると、戻ってくる電波も連続的となり、発射してから戻ってくるまでの時間を測定できないので、降水粒子との距離がわかりません。このため数マイクロ秒の時間間隔で電波を断続的に発射し（パルスという）、電波の発射を休止している間に目標物から戻ってきた電波を受信して、情報を得ています。

## ●種類、装置、観測方法

レーダー（Radar：Radio detection and ranging）は、電波を使って物体を探知し、その位置を測定する装置です。気象レーダーのほか、船舶用レーダーや航空管制レー

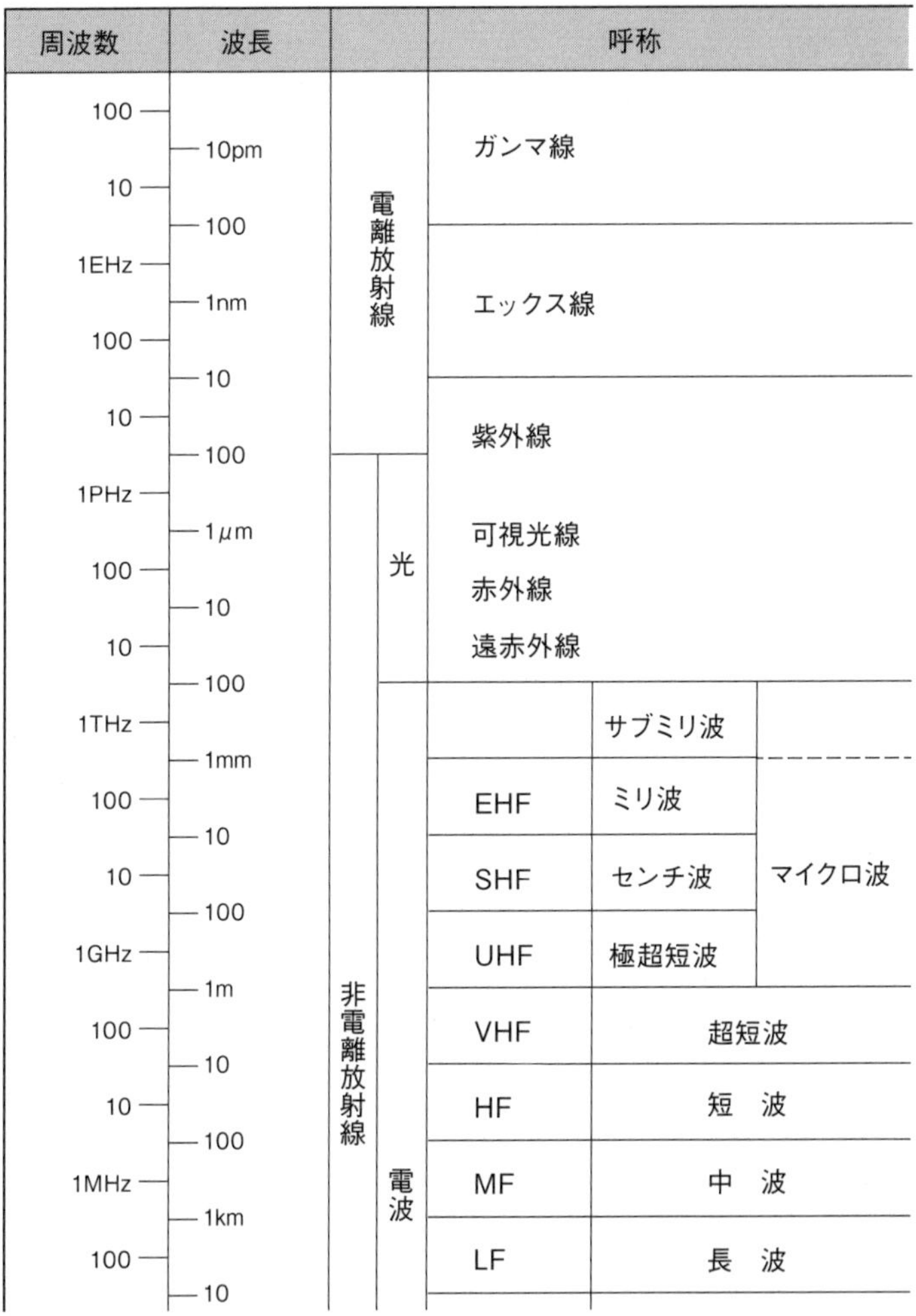


図表 2.17 ｜電磁波の波長・周波数・呼び名

ダーから、衛星搭載レーダーに至るまで多種多様な場面でレーダーが使用されています。それぞれ対象とする目標物の最適な観測ができるように電波の周波数が設定されています。図表2・17は電波の種類をまとめたものです。それぞれ周波数、あるいは波長が異なるだけで、伝播速度はいずれも光速です。

気象関係では、先述の「ラジオゾンデ」が1680メガヘルツを観測データの地上への送信用に用いています。気象レーダーは「マイクロ波」を用いています。

気象レーダーは一般に、マイクロ波領域（周波数300メガヘルツ〜30ギガヘルツ）の電波を用いるパルスレーダー方式です。マイクロ波は直進性に優れているため、伝播時間と地理上の進行距離の対応がよく、また鋭いビームが得られるために高い空間分解能を持っています。

波長が3〜10センチメートルのマイクロ波を使用し、降水粒子（雨粒、雪片、雹、あられ）からなる雲（降水雲）を対象とするレーダーを「気象（降水）レーダー」（以下、気象レーダーと呼ぶ）といいます。

一方、波長が3〜9ミリメートルとマイクロ波より短い電波を使用して、雲粒や氷晶からなる非降水雲や霧を観測対象とするものを「ミリ波レーダー」と呼びます。また、マイクロ波より長い波長の極超短波（UHF帯またはVHF帯とも呼ばれる）を使用して、上空の風や気温などを測定するレーダーは「大気レーダー」と呼ばれます。

以下では、気象レーダーについて記述します。

## ●エコーの強さ

エコーの強さは、発射する電波の強さと電波の経路上に存在する目標物（雨粒など）の大きさと数によって決まるので、受信信号を処理して、降水の分布および降水強度（エコー強度ともいう。単位時間あたりの降水量。単位はミリメートル／時）を求めることができます。

こうして求めた降水強度は、雨量計で求めた降水強度と対応しないことが多いため、雨量計の実測値をもとにレーダーから得られた降水強度を補正します。

## ●位相

電波は波なので、振幅に山や谷があります。これを「位相」といいます。目標物が動いている場合、この位相情報を解析することにより、物体の移動速度を求めることができます。すなわち、電波を移動体（気象では雨粒や雪粒など）に照射すると、照射した電波の周波数あるいは位相が変化します。この変化量から、目標物の移動ベクトル（方向と速度）のうち、電波の発射方向（視線方向）に沿う速度成分（ドップラー速度）が得られます。

このような効果は、「ドップラー効果」と呼ばれ、音波の場合でもまったく同様の現象が起きます。この機能を備えた気象レーダーを「気象ドップラーレーダー」と呼び、全国に展開されています（図表2・18）。ちなみに野球中継で表示されるピッチャーのボールの速さを求めるスピードガンもドップラー効果を利用したものです。

## ●気象庁のレーダー気象観測

気象庁のレーダー気象観測は、全国の降水監視を主目的とする「一般気象レーダー」

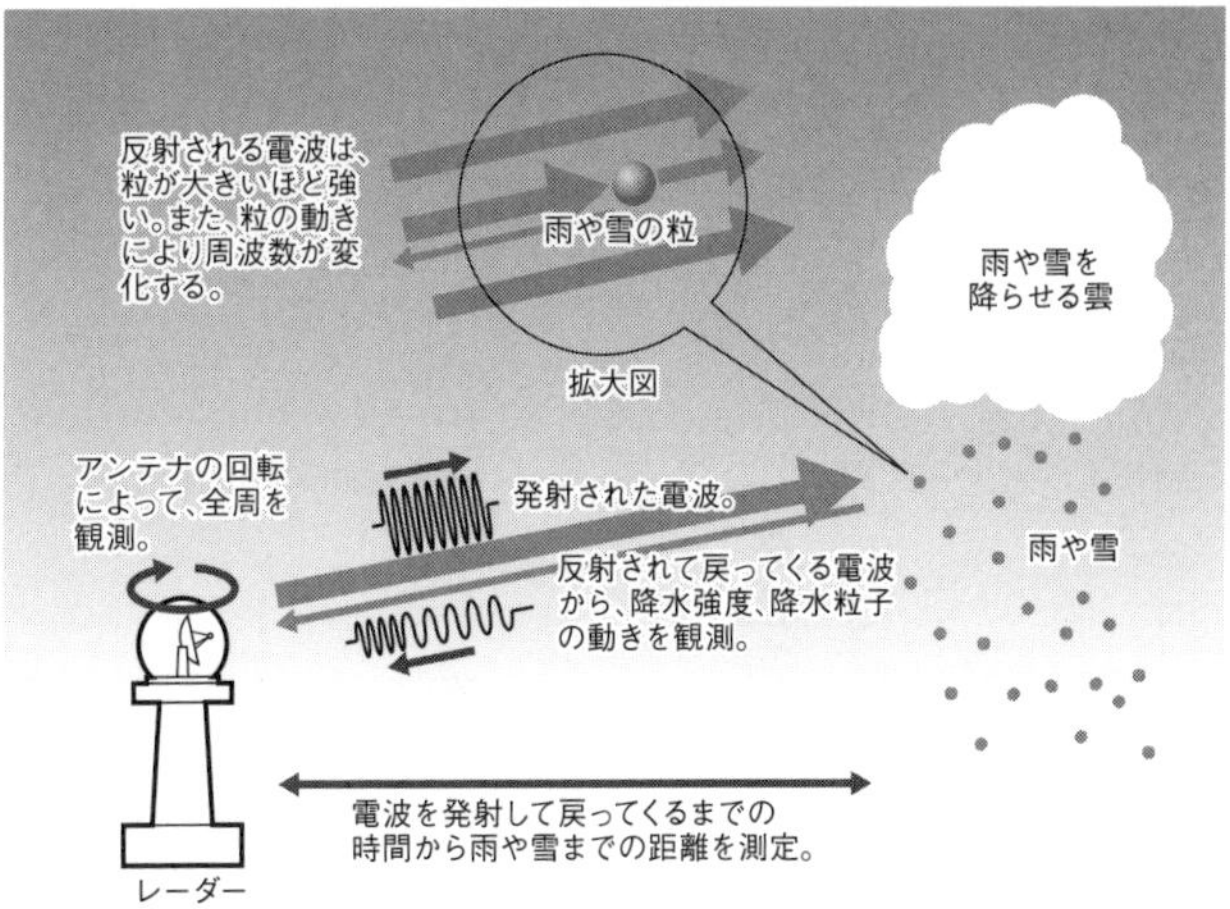


図表2.18｜「気象ドップラーレーダー」の原理（気象庁資料をもとに作成）

と、空港周辺の降水と擾乱（小さなスケールの乱れ）を監視する「空港気象レーダー」に分類されます。

降水を対象とする気象レーダーは、電波のエネルギーが降水粒子から効率的に散乱され、かつ電波の伝播経路上で降水や大気ガスなどによって弱められないという条件を満たすために、マイクロ波のうちのCバンド（波長約5センチメートル）を使用しています。

マイクロ波はその進行方向に山や建物などの障害物があると、その後ろ側には届きません。さらに、地球表面が球面であることから、レーダーから発射された電波は遠方では上空の高いところを伝播し、地表近くを観測することができません。これらのことを考慮して、一般気象レーダーは全国に20基が配置され、各レーダーは気象庁本庁で一括して管理し、遠隔で運用されています。現在、降水の分布と降水内の風を観測するドップラーレーダーが20基運用されています。

一方、空港気象レーダーについては、気象庁が1995年から主要空港に空港気象ドップラーレーダーを導入し、航空機の安全運行のため、利用されています。2019年現在、9基の空港気象ドップラーレーダーが運用されています。

## ●レーダーエコー合成図

テレビなどで降水の実況や予測がカラーで放映されますが、これは「レーダーエコー合成図」がもとになっています。一般気象レーダーは、高い山岳などのために、探知範囲内の領域すべてを観測することができません。そこで全国にある20基のレーダーのデータを合成して、全国の降水強度の分布を示すレーダーエコー合成図を、10分ごとに作成しています。レーダーによる解析には誤差があり、地上での実際の降水強度とは一致しないので、前述のように「アメダス」の雨量計や他の機関から得られる雨量データを使って補正されています。

## ●解析雨量

気象レーダーとアメダスなどで得られた雨量データを組み合わせた、計算上の雨量のことを解析雨量といいます。雨量計が設置されていない地点の降水量を、雨量計と同程度の精度で知ることができるため、雨量計の観測値とともに大雨注意報や大雨警報の発表基準値として使われています。

解析雨量からは、1時間先までの降水強度を予測する「降水ナウキャスト」が、5分ごとに発表されています。降水ナウキャストは、雨雲の動きを、移動する方向や速度から予測するものです。さらに、地形の影響や数値予報データを取り入れて6時間先までの各1時間降水量を予測する「降水短時間予報」も10分ごとに発表されています。

## ●気象ドップラーレーダーのデータ

上述のように、ドップラーレーダーからは、降水域内のドップラー速度の分布が得られます。気象庁では積乱雲などに伴う局地的な大雨の数値予報の精度を向上させるため、以前から使用している高層気象観測データなどに加えて、ドップラー速度データを数値予報モデルの初期値として使用しています。

また、10キロメートル四方程度の領域では風が一様に吹いていると仮定すると、その領域内のドップラー速度の分布から風向・風速が求められます。これによって得られる風のデータは、一様性が高い降水現象内の気流解析などに利用されています。

さらに、ドップラー速度の分布を詳細に調べることにより、メソサイクロンと呼ばれる数キロメートル～10キロメートル程度の鉛直方向の軸をもつ渦を検出し、この結果や数値予報資料をもとに竜巻の発生を監視する業務が２００８年から始まっています。

# 6 ウィンドプロファイラ

ウィンドプロファイラは、2001年に気象庁が上空の風向・風速を自動的に観測するために導入したシステムで、「局地的気象監視システム（略称、ウィンダス、WINDAS：WInd profiler Network and Data Acquisition System）」が正式な名称です。全国33地点に配置されて高層風観測網を形成しています。高層気象観測としては、1938（昭和13）年のラジオゾンデの定常観測開始以来の画期的なシステムの導入です。図表2・19は高松に設置されているウィンドプロファイラで、白いお椀のようなドームの内部に、アンテナ装置があります。

ウィンドプロファイラは、主に対流圏の風の高度プロファイル（分布）を測る「大気レーダー」です。風向・風速の高度プロファイルを連続的かつ自動的に観測することができます。

観測のターゲットとなる乱流の大きさや降水粒子の分布状態によって最大の観測高

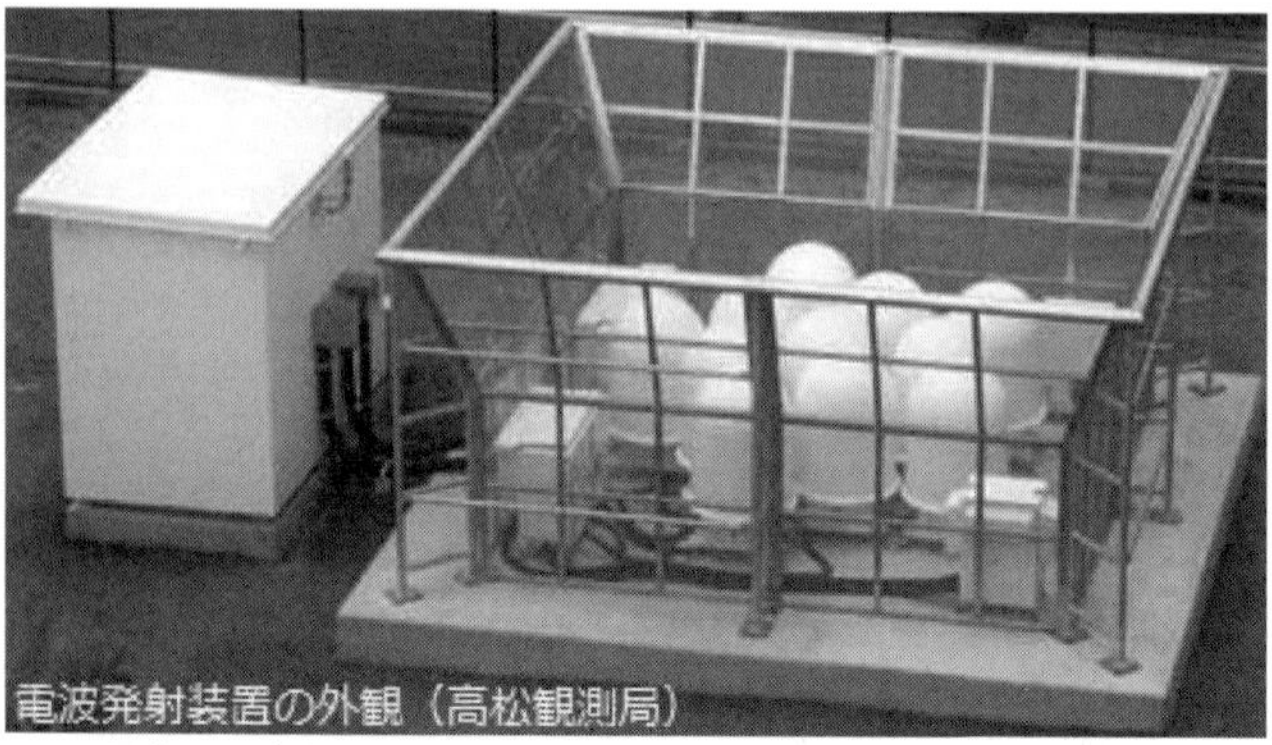


図表2.19｜高松に設置されているウィンドプロファイラ（気象庁資料）

度が異なり、波長の長いほうが高くまで観測できますが、その代わりにアンテナや送信に伴う出力も大きくなってきます。

## ●観測原理

気象庁が展開しているウィンドプロファイラはドップラービーム走査法という方法で、ドップラー効果を利用して対象物の速度を計測しています。ドップラービーム走査法は、野球のスピードガンと基本的に同じ原理です。スピードガンでは、一方向のみに電波を発射し、ボールの軌道と発射方向とのズレ角からボールの速度を求めます。大気の流れは3次元的で、その方向は定まっていないので、ウィンドプロファイ

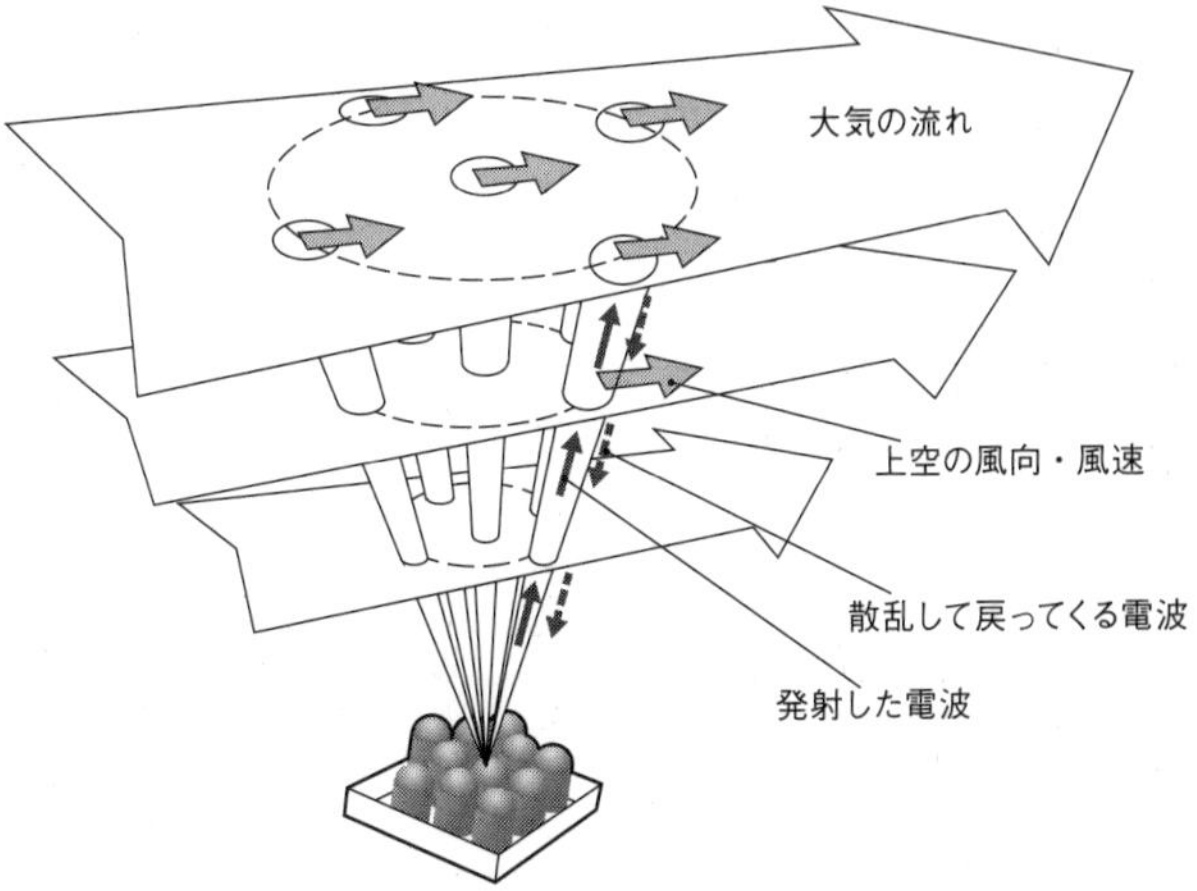


図表2.20｜ウィンドプロファイラ（気象庁資料をもとに作成）

ラは、天頂を含む3〜5方向へ電波を発射する必要があります。

具体的には、気象庁ではウィンドプロファイラのアンテナから、鉛直方向および仰角約80度に傾けた東、西、南、北方向の5つのビーム方向に向けて順に電波のパルスを発射しています（図表2・20）。

上空に向けて発射された電波は、大気の乱流や降水粒子による散乱によって、地上のウィンドプロファイラのアンテナに戻ってきます。その電波は、散乱体である大気の移動速度（風）に応じて周波数が変化している（ドップラー効果）ので、受信した電波の周波数が、送信した電波の周波数からどれだけズレているか（ドップラーシフト）を検知し、そのズレの大きさからビームを発射した方向（視線方向）に沿った風の速度（ドップラー速度）を測定することができます。したがって、視線方向（東西・南北）の速度から水平成分の風を求めることができ、それらを合成することによって水平方向の風向・風速を測定しています。

豪雨や豪雪といった局地的な気象災害をもたらす現象は、水平スケールが数十キロメートル〜数百キロメートルの「メソスケール現象」と呼ばれ、水蒸気を多く含んだ大気、すなわち地上から高度約5キロメートル付近までの風の動きが大きく関与しています。ラジオゾンデによる高層気象観測網の間隔はおよそ300〜350キロメートルであり、大規模および中間規模と呼ばれる気象（温帯低気圧、高気圧、前線や台風など）を捉えるための配置となっていました。これにウィンドプロファイラを含めると、高層の風情報が得られる観測地点は平均しておよそ120〜150キロメートルの間隔となり、メソスケールの気象をも捉えることが可能となっており、後述のように気象予測に利用されています。

ウィンドプロファイラの各観測局は無人で運用されており、近隣の気象官署（管理官署）からの遠隔監視が可能です。気象庁本庁の中央監視局で、全観測局を24時間監視・制御しているほか、得られた風データに対して、その値が妥当であるかどうかの品質管理も行なっています。

ウィンドプロファイラは、晴天時には大気からの散乱を観測しているので、ドップラー速度は小さく、また受信強度も低くなります。それに対し、雨や雪などの降水粒子からの散乱を観測している場合には、降水粒子の落下速度が加味されるため、ドップラー速度は大きな値となり、受信強度も高くなります。このときウィンドプロファイラは、降水粒子の動きを観測していることになります。しかし、降水粒子は風によって流されているので、観測したドップラー速度をベクトル合成することで水平風が観測できることから、全天候型の風測定レーダーといえます。

気象ドップラーレーダーでは、レーダーを中心とする半径約150キロメートルであるのに対し、ウィンドプロファイラの場合は、その地点上空の風の鉛直分布に限られています。

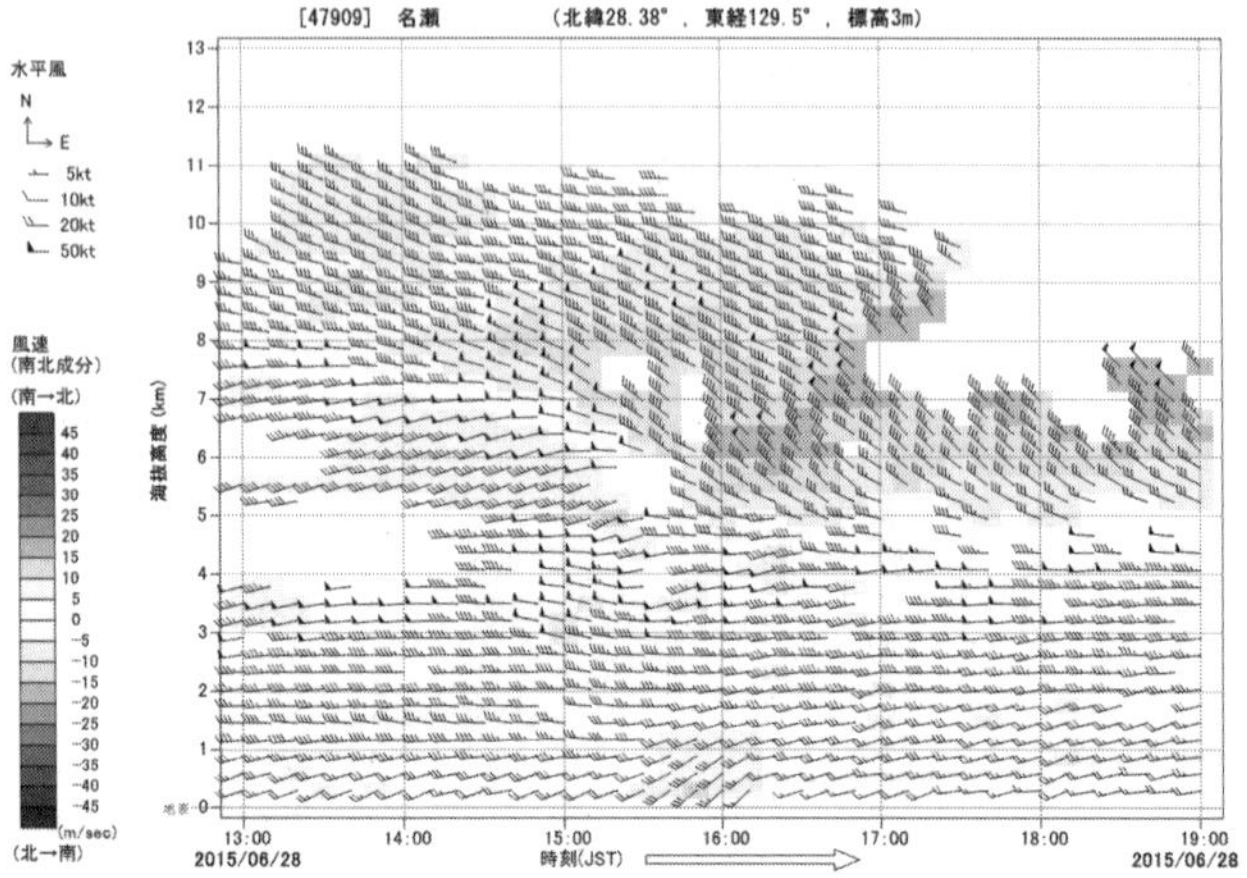


図表 2.21 ｜ウィンドプロファイラの観測例（名瀬、気象庁資料）

## ●プロダクト

ウィンドプロファイラの観測結果は、図表2・21に示すように時間対高度の図（時間・高度断面図と呼ばれる）にして利用することがほとんどです。観測地点の上空をある現象が西から東に移動した場合、時間軸を左から右方向にとると、その時間軸を東西距離と見なすことにより、現象の立体構造を把握しやすくなります。図中の矢印は、風向および風速を表しており、色で上昇気流か下降気流かがわかります。ちなみにこのような考え方をすれば、寒冷前線の通過の様子などを風の鉛直シア（風の変化の度合い）として把握することが可能であるほか、気温やレーダーの情報を併用すれば、雪が融ける「融解層」の高さなどの把握も可能です。

図表2・21の場合、名瀬では地上から5キロメートル辺りまで、西寄りの風が吹いており、上昇気流の場となっています。

【ウインドプロファイラのデータの観測要素など】

高度分解能　300メートル

観測データ　風向、風速、鉛直速度

最大観測高度　地上高12キロメートル程度

WINDASのデータは、天気予報作業では上空の気圧の谷や寒冷前線の通過などに伴う上昇気流や風向の監視のほか、前述のラジオゾンデのデータと併せて、数値予報モデルの初期条件にも利用されています。

# 7 雷監視システム

雷が近づくとラジオにバリバリと雑音が入ることがあります。この雑音を利用して落雷や雲間放電（雲と雲の間で起こる放電）に伴い発生する電磁波を検知し、その地点を評定するのが「雷監視システム」です。テレビの天気予報で、赤い×印などで落雷のあった場所を示しているのを見たことがある人も多いと思います。

気象庁ではこのシステムをライデン（LIDEN：LIghtning DEtection Network system）と呼んでおり、全国30の検知局（空港に立地する航空気象官署）にＧＰＳ受信機を設置して行っています。

筆者が昔、大阪や潮岬で気象観測に従事していた頃は、雷の観測は目視とストップウオッチを使用していました。ピカッと光った瞬間に方向を確かめ、スタートボタンを押してゴロゴロと雷鳴が聞こえたらストップボタンを押す。その間の秒数を計り、それに音波の速度約３３０メートル／秒をかけて雷の発生地点までの距離を求めて

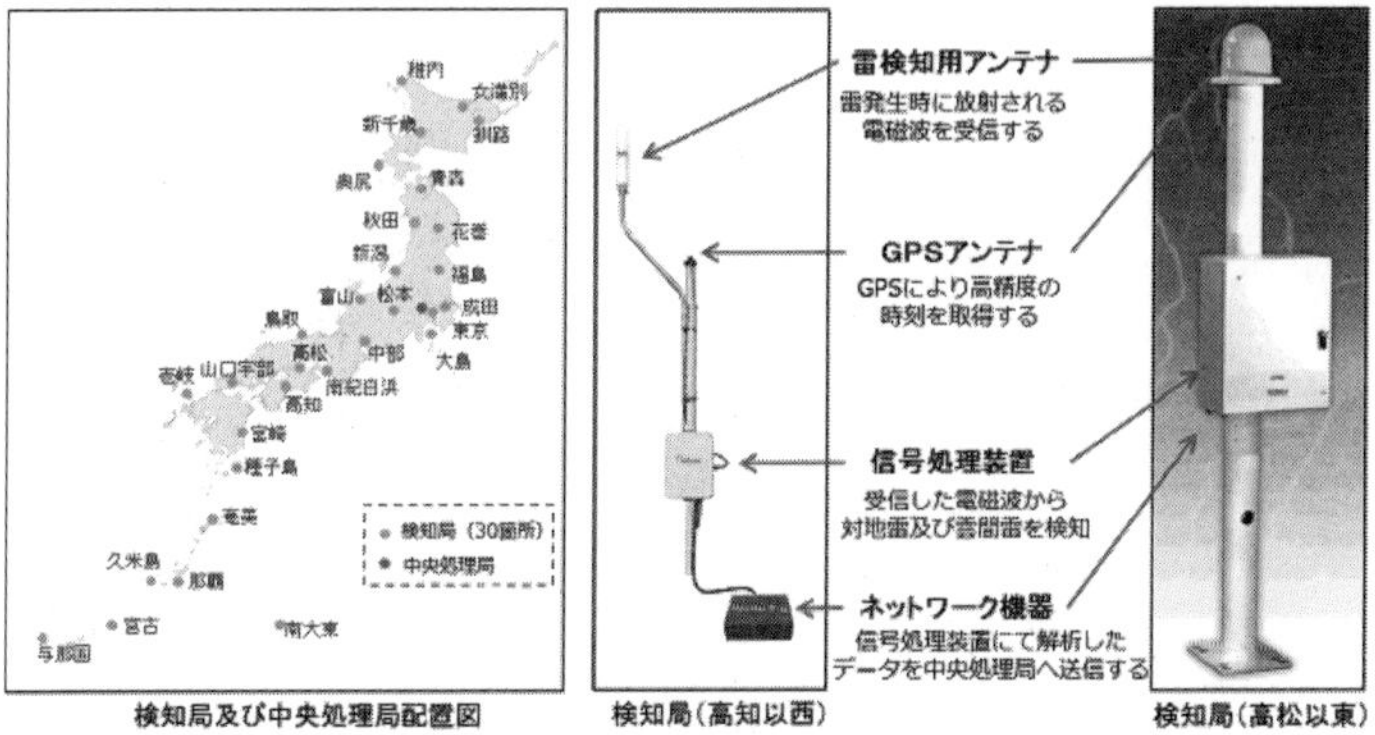


図表 2.22 ｜雷検知局（気象庁資料）

いました。現在の全自動とは隔世の感があります。

雷監視システムの検知局を図表2・22に示します。各検知局で受信した、雷に伴う電磁波の到達時刻（GPSによる）を東京都清瀬市に設置されている中央処理局に送信し、そこで雷の発生地点を評定しています。少なくとも3か所の検知局で正確な受信時刻がわかれば、互いの時刻差から発雷地点が把握できます。なお、このシステムは航空気象向けに整備されたもので、気象庁のほか航空機関や航空会社に提供されていますが、今のところ、部外には公開されていません。

# 8 気象衛星

## 静止気象衛星

天気予報でおなじみの「気象衛星ひまわり」は、はるか彼方の宇宙から昼も夜も地球を観測しています（図表2・23）。

ここで気象衛星の歴史を簡単に振り返ってみましょう。気象観測を目的とした最初の実験衛星タイロスは、1960年に地球を周回する軌道に打ち上げられ、地球の写真撮影や温度分布の観測が始まりました。私事で恐縮ですが、筆者が気象庁研修所高等部（現気象大学校）を1961年春に卒業して大阪管区気象台観測課に勤務した夏、アメリカ海軍の旗艦「セントポール」が大阪港に入港し、最上階のブリッジを見学したときに見た、タイロス衛星が撮影したモノクロの画像（FAX）は今も記憶に鮮明です。その時点で気象庁も入手していないものでした。

その後、1966年、気象衛星ATSが赤道上約3万6000キロメートルの

図表 2.23 ｜気象衛星「ひまわり 8・9 号」（気象庁資料）

静止軌道に打ち上げられ、地球を撮影した写真から得られた雲の分布によって、衛星からの天気監視の有効性が確かめられました。

このような成果に基づき、世界気象機関（WMO）は複数の静止気象衛星と極軌道衛星によって地球全体をカバーする気象衛星観測ネットワークを提唱し、日本は静止気象衛星観測網のうち、東経140度の位置での観測を受け持つに到りました。

日本で最初の静止気象衛星GMS（愛称「ひまわり」）は、1977年7月に打ち上げられ、翌年4月から本格運用が始まりました。GMSシリーズは5号を数え、

2005年にMTSAT（運輸多目的衛星）と呼ばれるシリーズへ引き継がれました（ひまわり6号）。さらに2014年に「ひまわり8号」が打ち上げられて運用中で、その後2016年に9号が待機用として打ち上げられました。

気象衛星の最大の特徴は、気象観測を行うことが困難な海洋や砂漠・山岳地帯を含む広い地域の雲、水蒸気、海氷などの分布を一様に観測することができる点です。大気、海洋、雪氷などの地球規模での監視にたいへん有効であり、特に洋上の台風監視においては非常に有効な観測手段になっています。

単独の気象衛星では地球全体をカバーすることができないので、WMOの調整のもとで、2019年5月現在、合計15基の静止気象衛星が配置・運用されています。

GMSシリーズでは、衛星をコマのように回転させて姿勢を保つスピン方式で、衛星も小型のため多くの観測機器を搭載できないこと、また地球を望むことができる時間は1回転中の20分の1程度しかとれないことなど、観測条件に多くの制約がありました。

一方、2005年からのMTSATシリーズでは、観測に必要な面を常に地球に向けておくことが可能な三軸制御と呼ばれる衛星となって、衛星を大型化でき、それによりさまざまな観測機器を搭載できるようになりました。さらに常に地球を望むことが可能になったことから、スピン衛星に比べ地球を観測できる時間を長くとれるようになりました。このため、雲画像の分解能を向上させることや観測時間の短縮など、観測の高度化の実現に到りました。

## ●気象衛星の観測の仕組み

気象衛星が撮影した画像は雲画像と呼ばれています。これらはすべて衛星の反射望遠鏡に搭載されている「可視赤外放射計（AHI:Advanced Himawari Imager）」と呼ばれるセンサが撮ったものです。

図表2・24は太陽光という電磁波の波長とそのエネルギーの強さを示したもので、「太陽光スペクトル」と呼ばれます。物理学によれば、物体はその表面温度に応じて電磁波を放射しており、表面温度が決まれば、そのスペクトルが得られます。図は太陽の表面温度を６０００Ｋ（絶対温度）としたもので、外側の実線は地球の大気に

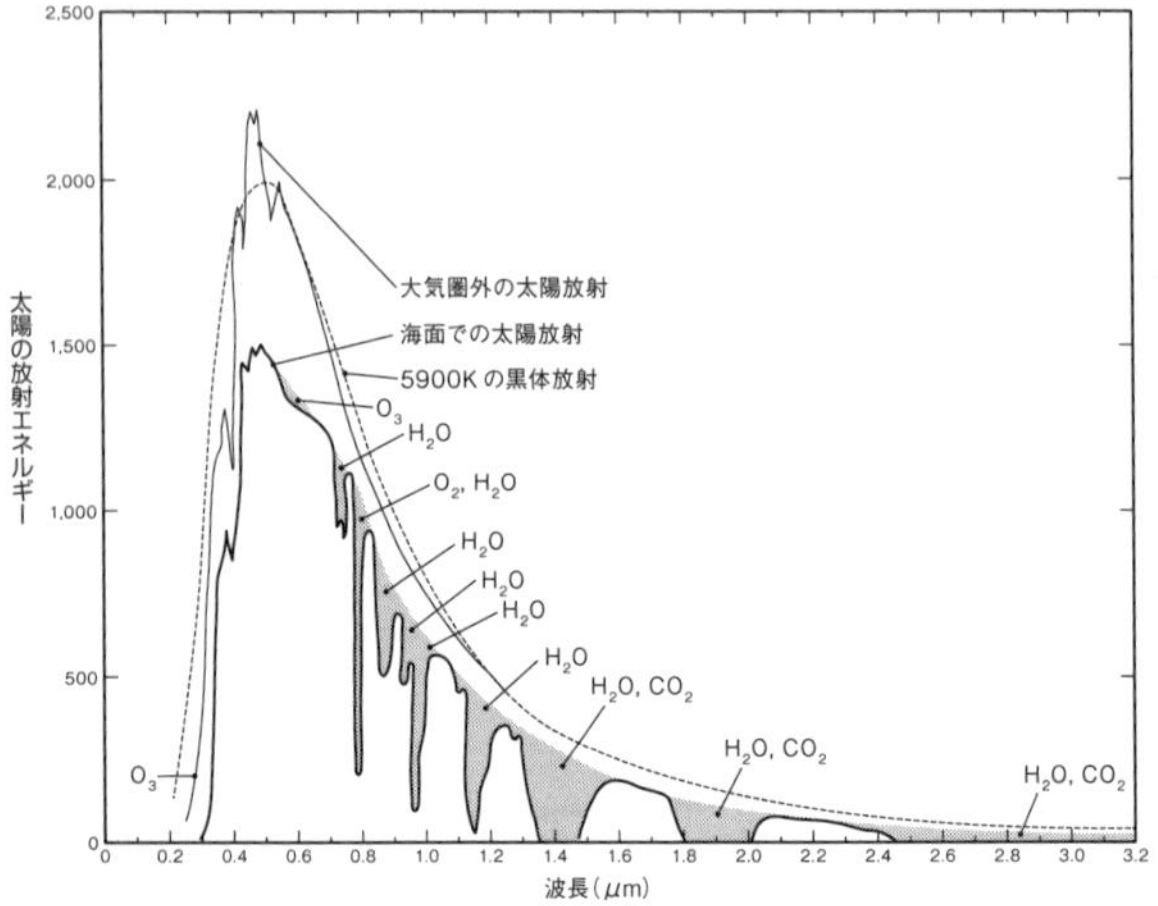


図表 2.24 | 太陽光のエネルギースペクトル(日本気象学会編『気象科学事典』をもとに作成)

届くまでの大気圏外での、内側実線は地表での分布です。内側の実線を見ると、谷のように窪んでいるところが何か所かあります。これらは太陽光が大気圏を通過する途中で空気分子によって吸収されることを意味しています。

「ひまわり8・9号」に搭載されている放射計は合計16種類で、図表2・25に観測のバンド(band)、中心波長、用途などが示されています。ひまわり8・9号は同じ仕様なので、以下「ひまわり8号」と呼びます。この図でバンドとは単に観測している波長帯の通し番号です。バンド1〜3が可視域(カラー合成雲画像用)、4〜6が

| バンド | 中心波長（μm） | 解像度（衛星直下点） | 想定される用途 |
|---|---|---|---|
| 1 | 0.46 μm | 1.0 km | カラー合成雲画像 |
| 2 | 0.51 μm | 1.0 km | カラー合成雲画像 |
| 3 | 0.64 μm | 0.5 km | カラー合成雲画像 |
| 4 | 0.86 μm | 1.0 km | 植生、エアロゾル |
| 5 | 1.6 μm | 2.0 km | 雲相判別 |
| 6 | 2.3 μm | 2.0 km | 雲有効半径 |
| 7 | 3.9 μm | 2.0 km | 霧、自然火災 |
| 8 | 6.2 μm | 2.0 km | 中上層水蒸気量 |
| 9 | 7.0 μm | 2.0 km | 中層水蒸気量 |
| 10 | 7.3 μm | 2.0 km | 中下層水蒸気量 |
| 11 | 8.6 μm | 2.0 km | 雲相判別 |
| 12 | 9.6 μm | 2.0 km | 全オゾン量 |
| 13 | 10.4 μm | 2.0 km | 雲画像、雲頂情報 |
| 14 | 11.2 μm | 2.0 km | 雲画像、海面水温 |
| 15 | 12.3 μm | 2.0 km | 雲画像、海面水温 |
| 16 | 13.3 μm | 2.0 km | 雲頂高度 |

図表2.25｜放射計のバンドの波長、解像度、用途など（気象庁資料）

近赤外域（植生や雲の種類など）や、7～8が赤外域（霧や水蒸気量など）などを観測しています。

図表2・26に「ひまわり8号」による、可視画像（上段）、赤外画像（中段）、水蒸気画像（下段）を示します。

## ●可視画像

可視画像は図表2・25に示した可視（VIS）の領域の中の3つの波長帯で観測しており、バンド1が青、2が緑、3が赤で、光の3原色に対応しています。したがって、それらを合成した「カラー合成画像」は衛星から地球を眺めたカラー画像に

図表 2.26 ｜「ひまわり8号」の可視(上)・赤外(中)・水蒸気画像(下)

相当します。当然のことですが、この画像は太陽が地球を照らしている反射光を観測したものですから、夜間は暗くなってしまいます。夜間でも雲などが観測できるように工夫されたのが、次に説明する赤外画像です。

## ●赤外画像

赤外画像は、地球表面や雲からの赤外放射の強さを示した画像です。温度の低いところは白く、高いところは黒く処理されています。気象庁のウェブサイトで見られる「赤外画像」は、図表2・25のバンド13のみで行なわれたものです。

赤外画像は「大気の窓」と呼ばれる、水蒸気などによる吸収が少ない波長帯の赤外線を観測しているので、地球表面の温度分布を観測できます。すなわち、温度の低いところを白く、温度の高いところを黒く画像化しているので、あたかも可視画像で得られた雲画像のように見えます。対流圏では高度が上がるほど温度が低いので、雲頂高度の高い積乱雲のような雲頂温度の低い雲ほど白く見えます。反対に陸面や海面は相対的に暖かいため黒っぽく見えます。

赤外画像の最大の特色は、可視画像と異なり、日射がなくても観測が可能なので、昼夜を通した連続観測に適していることです。

## ●水蒸気画像

可視画像や赤外画像は、衛星に届くまでの放射のエネルギーが途中で吸収されない波長帯（バンド）を用いていますが、この水蒸気画像は逆に、水蒸気の存在によって放射線が一番吸収されやすい波長帯を用いています。

図表2・26の水蒸気画像を見ると、全体は灰色の濃淡で表されています。これは大気の中・上層の全水蒸気による吸収量に基づいており、画像の明暗は大気の中層や上層における水蒸気の多寡に対応しています。

たとえば、上層が乾燥していると水蒸気の吸収が少ないので、より下の層からの放射を観測します。したがって、水蒸気画像では、中・上層が湿っている部分ほど白く（温度が低く）、逆に乾いた部分ほど黒く（温度が高く）見えます。

### ●その他の画像

上述の3種の画像以外に、図表2・25の右欄に示すように、バンドを単独あるいは組み合わせることによって、霧、火山噴煙、火災の煙、植生、海氷、氷の雲などの情報が作成されています。

### ●気象衛星のプロダクト

気象衛星の観測データは、上記以外にさまざまなプロダクトの作成に利用されています。

大気追跡風

「大気追跡風」は、連続して観測したひまわりの可視画像や赤外画像から、特徴ある雲や水蒸気の動きを捉え、風向や風速を算出したものです。1日24回算出されており、特に海洋上では風の観測値が少ないため、大気追跡風は数値予報の初期値として有用に活用です。

海面水温

「海面水温」は、台風や低気圧の発達など短期的な気象変化だけでなく、長期の気候変動にまで影響を与えます。ひまわりや極軌道気象衛星であるＮＯＡＡ（ノア）のデータから、太平洋域や日本付近の海面水温分布が算出されています。これらのデータは、数値予報モデルの初期値として利用されるほか、水温や潮目などがわかるので漁業者にとっても非常に有効な資料となっています。

雲量格子点情報

「雲量格子点情報」は、ひまわりが観測したデータから、雲量、雲頂高度、雲型などを解析した雲の情報です。毎時作成され、気象実況の監視や天気予報などに活用されています。

## 極軌道気象衛星による観測

極軌道気象衛星は、静止気象衛星と異なって北極・南極地方の上空を南北方向に通過する軌道で地球を周回しています。静止気象衛星に比べ低い高度を飛行するので、高解像度の画像が得られますが、観測範囲は狭くなります。

ＮＯＡＡはアメリカが運用している代表的な極軌道気象衛星であり、軌道高度およそ８５０キロメートルで約１００分かけて地球を一周しています。ＮＯＡＡは三軸制御衛星で、常に地球表面を向き、観測機器を軌道に直角な方向に走査して観測しており、観測範囲は衛星直下から左右へそれぞれ50度程度で、これは地表面では幅２０００～３０００キロメートルに相当します。気象庁では、２機のＮＯＡＡ衛星のデータを受信しており、日本付近ではおよそ6時間ごとの画像を得ることができます。

極軌道気象衛星の特徴は、静止気象衛星では難しい高緯度の地域の観測ができることです。また、静止気象衛星では得られない「気温や水蒸気の鉛直分布データ」や、大気中の「オゾン量データ」などを観測できます。

# 9 航空気象観測

## 航空機による気象観測

これまで述べた気象観測以外に、航空機の安全運航などを確保するための「航空気象観測」があることはあまり知られていません。この観測は、国際民間航空（ＩＣＡＯ）条約のもとで種々の技術規則が設定されています。航空機による気象観測について、気象業務法で「高層の気温や風などの航空予報図の交付を受けた航空機は飛行中および飛行した区域の気象の状況を気象庁長官に報告する必要がある」との趣旨が定められています。高層気象の観測時刻以外に航空機の航路上で得られる観測データは、高層気象観測データと同様に有効に活用されています。

観測されたデータは、「機上観測報告」として報告されています。機上観測報告には、国際民間航空機関（ＩＣＡＯ）で定められた位置の通過時とあらかじめ決められた時間間隔で通報する「航空機上観測報告」、機長から飛行中にタービュランス（乱気流）

といった現象に遭遇したときに航空気象台などへ報告される「航空機気象観測報告」のほか、各航空会社が運航管理のために行なっている気象報告などがあります。

また、近年では、航空機が搭載している機器で自動観測したデータを、航空機と地上を結び運航情報を提供する「ACARS (Automatic Communications Addressing and Reporting System)」により自動通報も行なわれています。これらの報告では、航空機の位置情報や運航情報とともに、気象情報として、高度、気温、風向・風速などが報じられています。

## ●データの利活用

航空機により観測されたデータは、電文として気象庁に送られ、自動品質管理(AQC)を行ない、数値予報の初期値の解析などに利用されています。航空機による観測データは、ラジオゾンデやウィンドプロファイラによる観測では取得が困難な海上のデータもあり、とても重要です。

## 空港での気象観測

日本の空港には、成田航空地方気象台や新千歳航空測候所のような航空気象官署が設置されており、航空機の発着などを支援するための観測を行なっています。通常の気象官署における観測以外に、雲底高度や滑走路上の視程などが観測されています。また、滑走路の近傍に風向風速計が設置されており、航空機の離着陸に影響する2分間平均のデータとして処理されています。

さらに、航空機が搭載している気圧高度計の原点調整のために、QNHと呼ばれる現地気圧も観測しています。QNHは航空機が滑走路に着地したときに、その高度が滑走路の地理学的な高度に一致するようにしたものです。これらの観測データは、国内および国際的に通報されているほか、QNHは常時、航空管制部門に提供されています。ちなみに、飛行中の航空機を対象に、国内6つの国際空港における気象の実況および飛行場予報が、短波または超短波で放送されており、東京VOLMETと呼ばれています。

10

# 海洋の観測

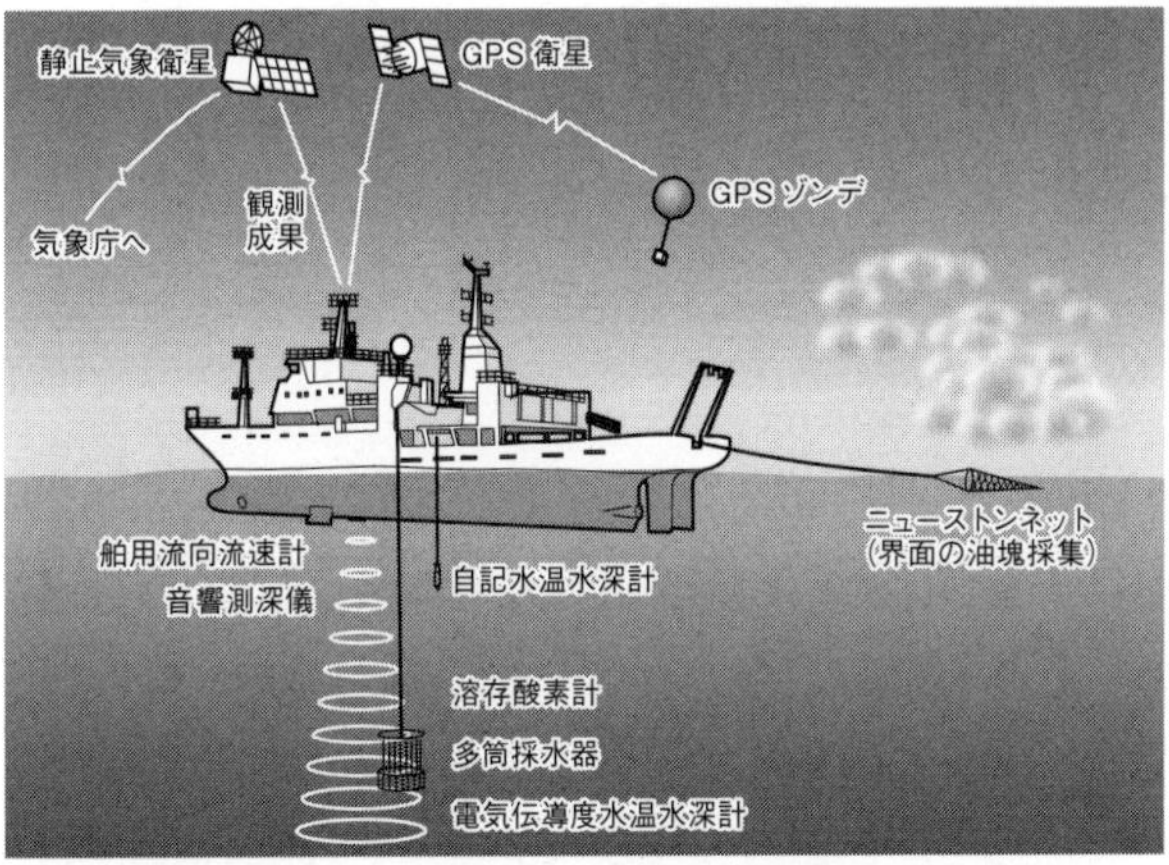

図表 2.27 ｜船舶による海洋観測の全体像（気象庁資料をもとに作成）

## 水温などの観測

海洋の状態を知るために、水温、密度、気圧、海水の流向・流速などを観測しています。船舶、ブイ、人工衛星などによってそれらは観測されています（図表2・27）。

### ●水温の観測

水温の観測は、「自記水温水深計」を用いています。水温計がワイヤーに吊り下げられて、深さごとの水温がわかります。

なお、120ページで触れたように、気

図表 2.28 ｜漂流型海洋気象ブイロボットの投下風景（気象庁資料）

象衛星「ひまわり」では、広域的な海面水温を観測しています。

## ●密度の観測

海水は塩分を含むため、その密度は温度と圧力、塩分濃度の関数となっています。そのうち塩分は電気伝導度（電流の流れやすさ）から求めることができるので、実際の観測では、CTD（Conductivity Temperature Depth profiler）と呼ばれる機器を用いて、電気伝導度、水温、水深を一緒に計測することにより行なわれています。

### ●流向・流速の観測

図表2・27にある「船用流向流速計」のセンサ部から海中に超音波を発し、海水に含まれている微粒子の移動によるドップラー効果を利用して、海水の流れを観測しています。

## 波浪の観測

### ●波浪ブイによる観測

日本周辺の海域の波浪の観測（波高や周期など）は、「漂流型海洋気象ブイロボット」（図表2・28）を漂流させながら行なわれています。漂流型海洋気象ブイロボットには、気圧計、加速度計センサー、水温計が装着されています。なお、波高は、鉛直方向の加速度を時間に関して自動的に2回積分することにより、計算で求められています。観測結果は、気象衛星「ひまわり」を通じて、気象庁に送られています。

なお、ブイは全海域に約5個投入されており、海流による漂流で域外に出た場合は、回収して、再び利用します。

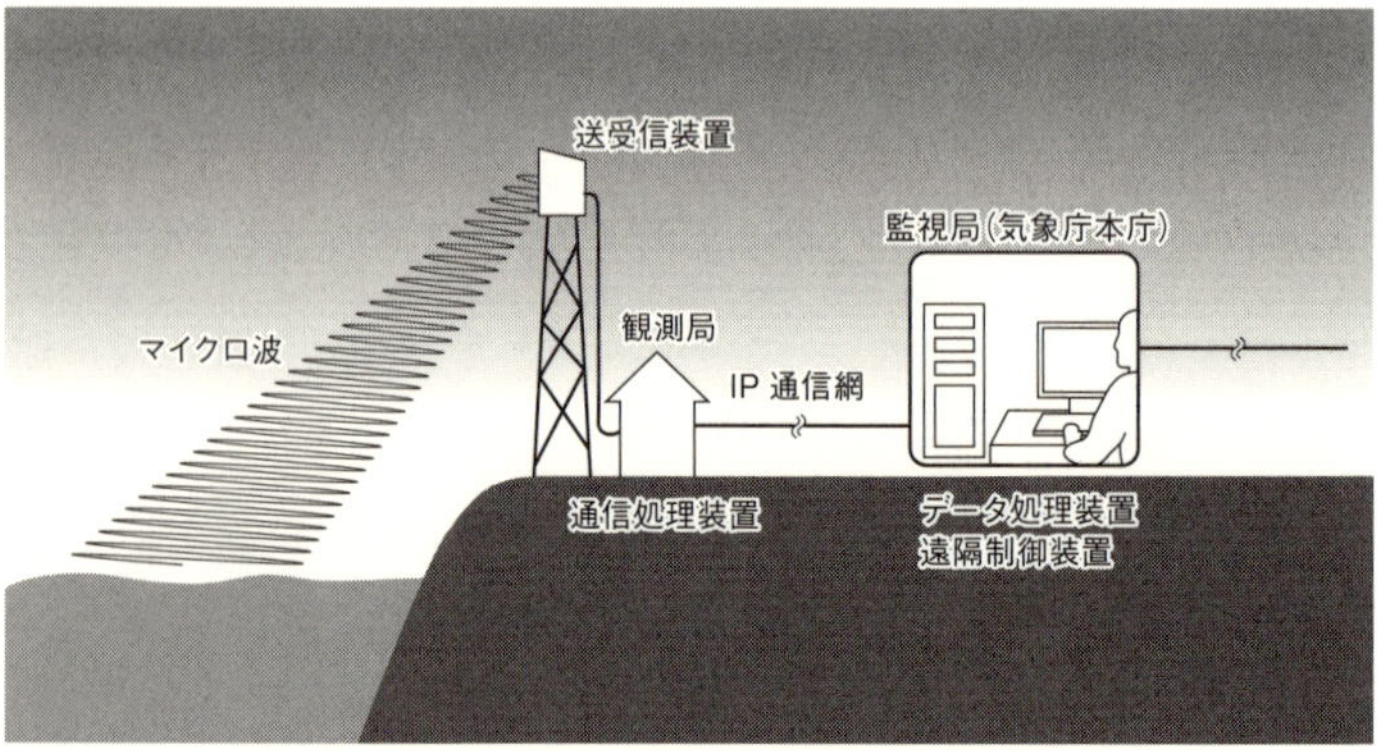


図表 2.29 ｜ レーダー式沿岸波浪計（気象庁資料をもとに作成）

## ●沿岸波浪計による観測

日本の沿岸域の波浪を観測するために、①「レーダー式沿岸波浪計」（図表2・29）と、②「超音波式沿岸波浪計」の2種類が設置されています。①は陸上から海面に向けて電波を発射して、波面からの反射強度から、②は超音波を用いて、同じく反射波から観測しています。

## 津波の観測

津波の観測は、「検潮所」において、潮の干満である潮汐の観測装置（潮位計あるいは検潮儀）を用いて、一緒に行なわれています。潮汐と津波は周期が完全に異なることから、両者の分離は可能です。図表2・30のように、湾の岸壁か

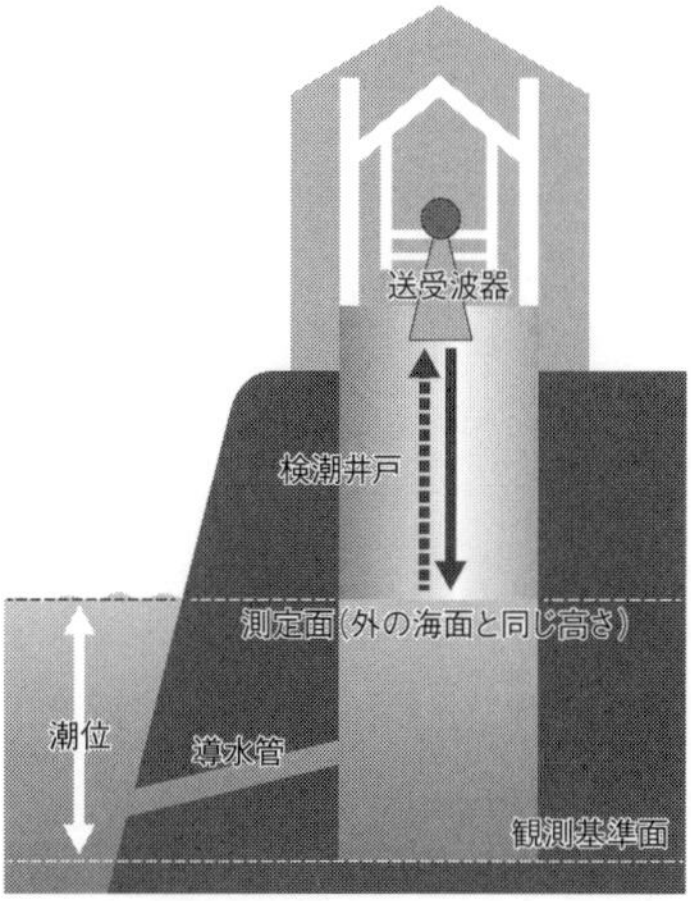


図表 2.30 ｜検潮所（気象庁資料をもとに作成）

ら導水管で海水を井戸に引き込み、海面の高さを「浮き」あるいは超音波などを使って調べています。

[ 第 3 章 ]

# 気象の特徴と予測技術

天気は、人々の暮らしを始め、社会活動のあらゆる分野に影響を与えています。こうした天気を予測する技術を振り返れば、かつて人々は空を仰いで、種々の経験則や「夕焼けは晴れのしるし」のような「天気俚諺」に基づいて、天気がどのように変化するかを予想する「観天望気」と呼ばれる手法で行なっていました。今でも多くの港の周辺などに残っている「見晴台」と呼ばれる高台や小山で、古老や漁師が風や雲行き、あるいは海を眺めて天気を予測していました。このような観天望気は恐らく明治の初期まで続いていました。もっとも、現代でも、いろいろな気象情報と総合的に照らし合わせた「観天望気」は有力な予測手段です。

時は移り1875（明治8）年に到って、国による組織的な気象観測が始まって天気図が作成され、それまでの経験則や知恵が天気図と合体して、より科学的な予測手段へと発展しました。

予測技術の変遷で見れば、これは「地上天気図」をベースにした経験や勘に基づいた「主観的技術」で、「前期天気図時代」と区分することができ、明治中期～太平洋戦争の期間に相当します。ちなみに、1905（明治38）年5月27日のロシアのバルチック艦隊との交戦時、対馬海域の天気予報は「天気晴朗ナレドモ波高シ」でしたが、相変わらず予測技術は予報者の経験や勘に基づく「主観的技術」でした。

次に太平洋戦争を契機として、ゴム気球を利用した高層気象観測が本格化して、気象を立体的に把握することが可能になり、さらに航空機の利用も活発になりました。地上天気図に加え、新たに「高層天気図」が登場し、それまでの経験や統計に基づいた予測技術も豊かになりました。これは「後期天気図時代」に画され、戦後から1960年代まで続きました。

1960年代に入って、大気の運動を支配する物理法則にしたがって、コンピュータを利用して予測を行なういわゆる「数値予報（技術）」が開発され、主観的技術と対比される「客観的技術」へと発展してきました。数値予報とは、手短に言えば、大気の運動や温度、水蒸気量などを支配する物理法則を定式化した「数値予報モデル」を用いて、スパコンを利用して数値的に予測計算を実行する予測ツール（道具）といえ、気象関係者の間では単に「モデル」と呼ばれます。

ちなみに日本に数値予報のための電子計算機が輸入されたのは半世紀以上も前

図表 3.1 | 大型クレーンで陸揚げされる計算機を積載したトレーラ車（気象庁資料）

の1959年で、IBM社の704型でした。電子計算機といっても、なんと2000個もの真空管を用いた計算機で、貨物船に積まれた大型のトレーラ付のコンテナーに機器が満載されていました。図表3・1は横浜港に接岸した貨物船から大型クレーンで吊り上げられた大型トレーラです。

気象庁はその馬鹿でかい計算機システムを格納するために、エアコンを備えた鉄筋コンクリートのビルを新たに造ったほどでした。それでも計算機の機能は現在のパソコンの恐らく100万分の1にも満たなかったと思われます。

蛇足ですが、筆者はちょうどその1959年4月に気象庁に入りましたので、今日の数値予報の発展を目の当たりにしてきました。

なお、法律的（気象業務法）には、「気象とは大気中の諸現象」「予報とは予想を公に発表する」ことを意味するため、本章では「天気予報」とは言わないで、適宜、「気象予測」という用語を用います。

## 1 気象の時間・空間スケール

気象の予測を行なう際には、その対象である気象の持っている特徴を押さえる必要があります。現象を特徴づけるキーワードは、現象の持つ空間的および時間的な広がりです。

図表3・2は雲や低気圧などのさまざまな現象を、横軸に現象の時間的スケール、縦軸に空間的スケールをとってプロットしたものです。「時間スケール」とは現象の

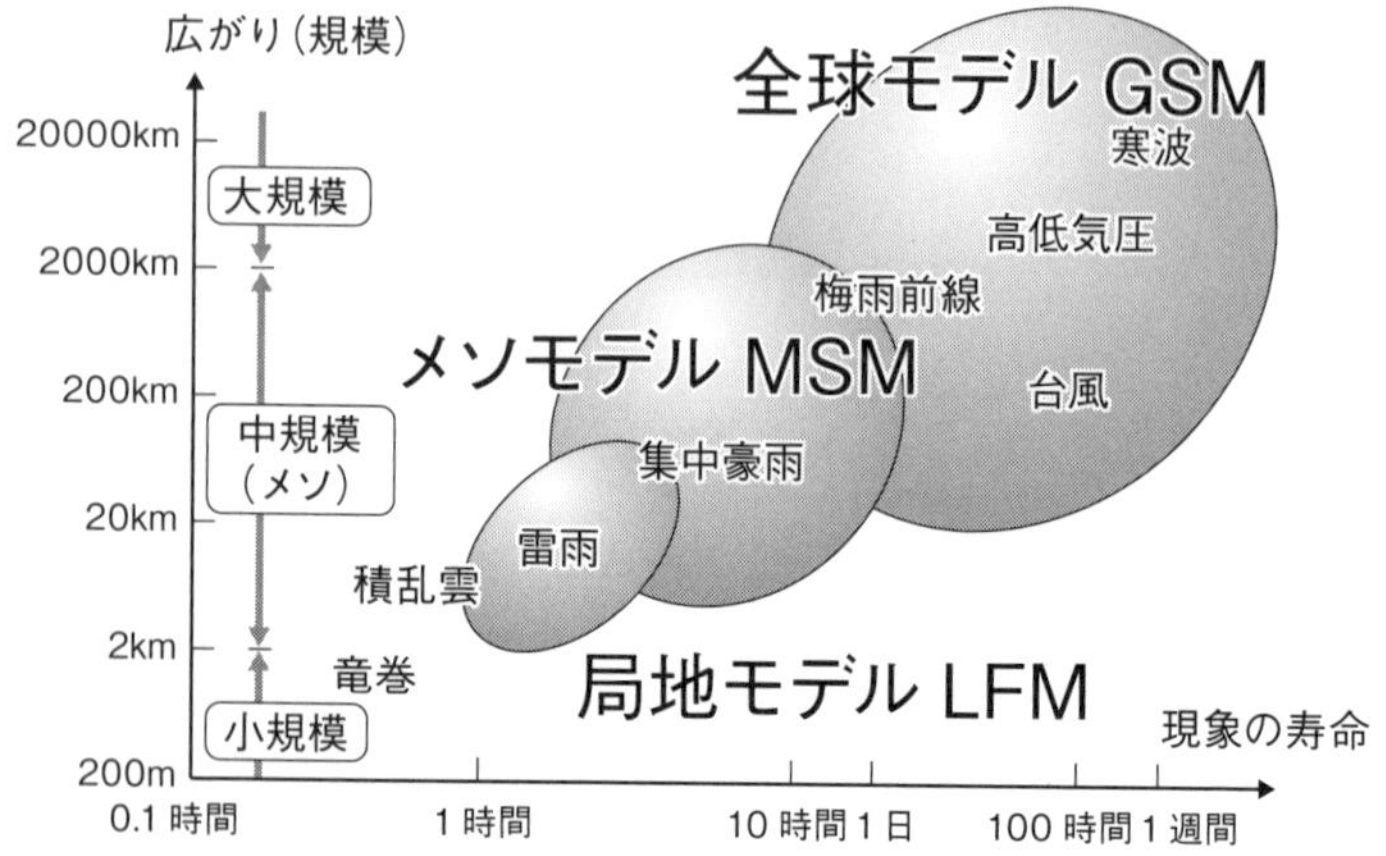


図表 3.2 ｜気象現象の時間・空間スケールと予測モデル（気象庁資料をもとに作成）

寿命、継続時間、繰り返しなどの時間を表し、「空間スケール」とは現象の水平規模あるいは空間的広がりを示しています。

　空間スケールは「小規模」「中規模」「大規模」というように分けることがあります。たとえば、図中の「積乱雲」を見ると、時間スケールは1時間程度で、空間スケールは数キロメートル～10キロメートル程度であり、高・低気圧の場合は数日の時間スケールで、1000キロメートル程度の広がりを持っていることを示しています。災害をもたらすことがある集中豪雨は「中規模（メソ規模）」です。

　この図に見られるように、気象は空間ス

ケールの大きいものほど、時間スケールも長いことが大きな特徴です。皆さんの体験とも一致しているかと思います。

　これらの現象はすべて気象予報の対象（候補）となりますが、発生・発達などの仕組みはそれぞれ固有で異なっています。したがって、気象庁では後述のように、予測の領域と時間、さらに現象の特徴を考慮して、図中に示す「局地モデル」「メソモデル」「全球モデル」というモデルをそれぞれ構築して、現業的な運用を行なっています。

## 2　予測技術の種類、特徴

　大気は種々のスケールの現象を含んでいることから、気象予測は予測期間や現象ごとに、いろいろな予測モデルを組み立てて、個別に運用しています。図表3・3は気象庁が行なっている気象予測の種類（メニュー）をまとめたものです。ここで図の横軸は予報の有効時間、縦軸は予報の時間的解像度（時間的なきめ細かさ）を表してい

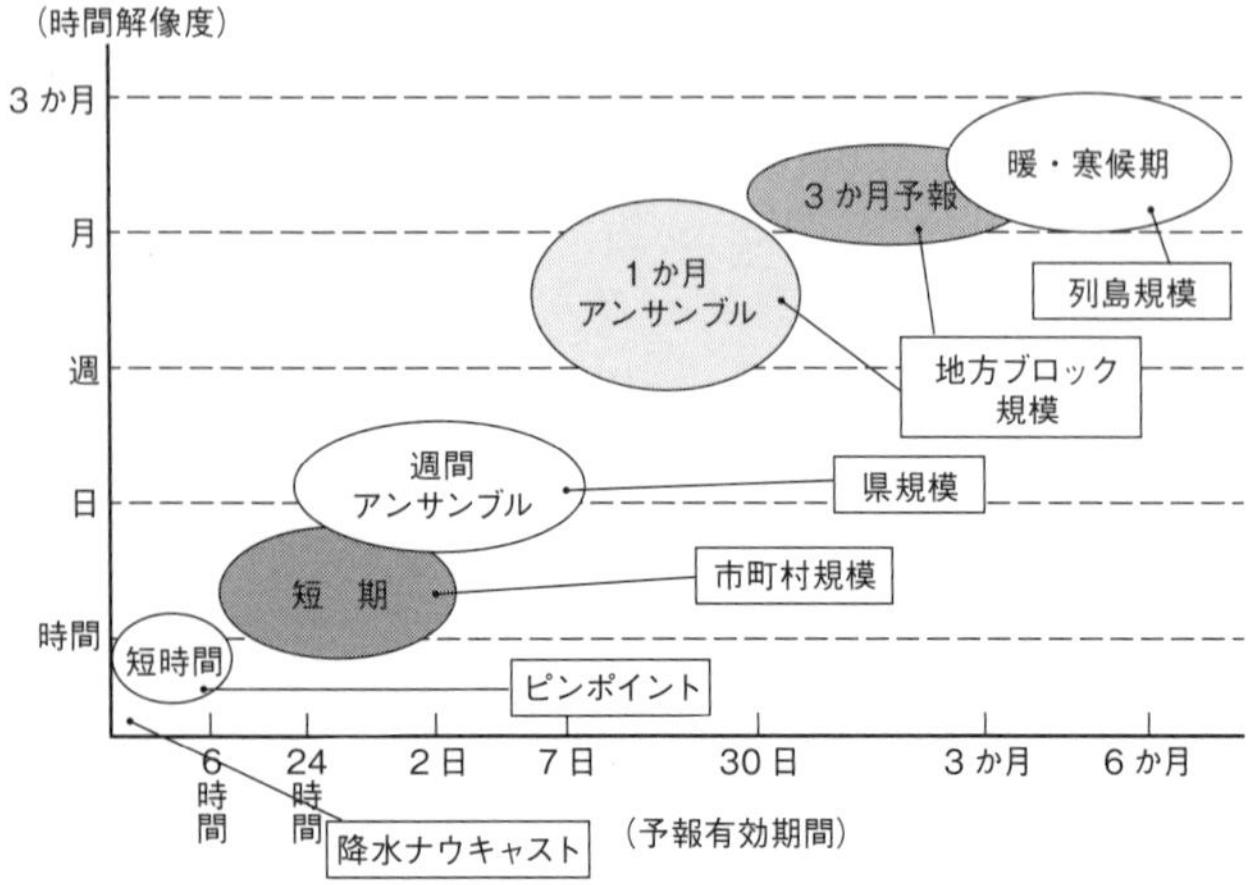


図表3.3｜気象予測のメニューと予報の有効時間、時間解像度（気象庁資料をもとに作成）

ます。

この図を見ると、短期予報では1、2日先までの予報が対象で、その時間解像度は1時間あるいは数時間刻みですが、週間予報では細かさは日刻みの予報であることなどがわかります。

ちなみに、単一の予測モデルですべての予測をカバーする（行なう）ことは理想的で、「シームレス（継ぎ目のない）モデル」と呼ばれますが、気象が持つ複雑性（現象の非線形性）、計算機資源および気象観測のきめ細かさやコストの制約などから、現在のところ困難です。

予測技術の各論に入る前段に、技術の全

体像を眺めておきます。図表3・4は気象予測技術の手法を表したもので、主観的予報と客観的予報に大別されます。「主観的予報」は、先ほど触れたように主に「観天望気」や天気図がベースの技術に属します。「客観的予報」は、統計的・気候学的・運動学的・持続的・物理的に分けられます

このうち、「統計的」は、過去のデータから予測対象に関わる種々の気象要素間の相関係数を求めるなどの統計処理によって予報則を導く手法で、現在のような数値予報技術が実現する以前に広く行なわれていました。

「気候学的」予報とは少し奇異な感じがしますが、気温や降水量の「平年値」が、将来も同様に現われると仮定する手法です。予測技術がまったくない状況での、いわゆる暦による予測と言えます。なお、テレビなどでしばしば示される平年値のグラフは「気候学的」予報にもとづいています。

「運動学的」予報は、直近の現象（雨雲域など）の動きを将来に向かって時間的および空間的に予測する手法です。雨域の移動する方向や速度から、今後の動きを単純に求めるもので、現在「降水ナウキャスト」および「降水短時間予報」に適用されて

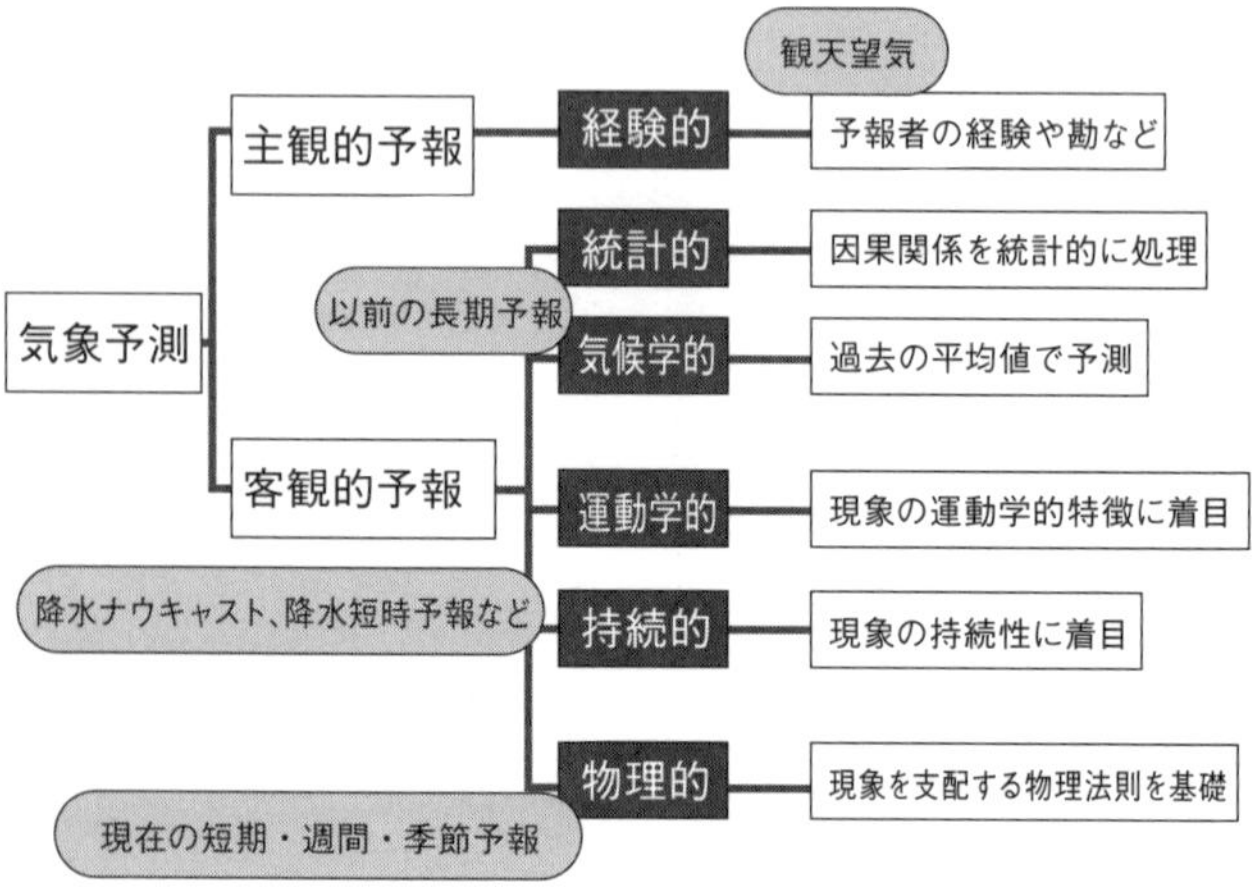


図表 3.4 ｜気象予測の手法（気象庁資料をもとに作成）

います。なお、降水短時間予報には、数値予報モデルによる風などの情報も利用されています。

「持続的」予報は、現在の状況が将来も継続すると考える手法で、予測時間が短い場合に有効であり、台風進路の予想なら1、2時間程度先の推定位置の予報などに用いられます。

最後に、「物理的」予報は「数値予報」と呼ばれる手法で、大気現象を支配する物理方程式系に則して数値的に解きます。現在、日本はもちろん、世界的に気象予測の基礎となっており、その具体的な道具を「数値予報モデル」と呼びます。

# 3　降水ナウキャスト、降水短時間予報

これまで予報技術について大まかに説明してきました。気象予測の基礎である数値予報の説明に入る前に、数値予報技術とは異なる手法で行なわれている「降水ナウキャスト」などについて紹介したいと思います。

ナウキャストとは、すぐ近い将来を意味するnowと、予報を意味するforecastからの造語です。その手法は前節で触れた運動学的予報が基本です。図表3・5はその概念図で、現在までの降水域の変化を追跡し、その移動傾向を解析して、その傾向を将来に向かって時間外挿する手法です。外挿とは、傾向を10分先など将来に向かって進めるという意味で、数値予報でも行なわれている手法です。

具体的には、100キロメートル四方の領域単位ごとに1キロメートル四方の解像度で、1時間前と現在との降水域を比較して、どの方向にどれだけ動かせば、両者が最も似ているかを自動的に判断させています。そのアルゴリズムは、パターンマッ

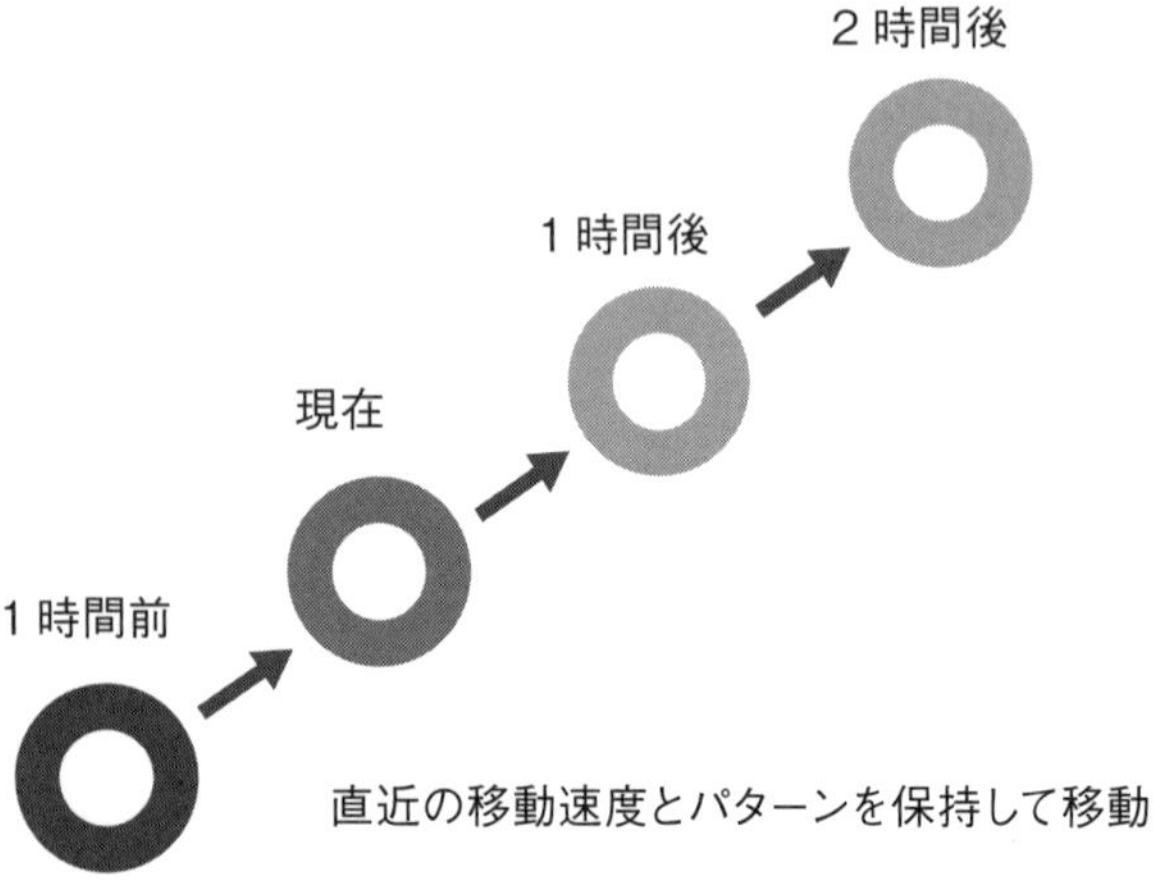


図表3.5｜持続的予報

チングと呼ばれる技術で、2つの画像を東西および南北に順に移動させて、域内の全体の相関係数を求め、その最大値から移動ベクトルを算出しています。

「降水ナウキャスト」は5分刻みで1時間先までを予報します。また「降水短時間予報」は予測時間が6時間先までと7時間から15時間先までの2種類があり、6時間先までは10分間隔で、各1時間降水量を1キロメートル四方の細かさで予報しています。7時間先から15時間先までは1時間間隔で、各1時間降水量を5キロメートル四方の細かさで予報しています。なお、いずれの予報も、後述する数値予報モデル

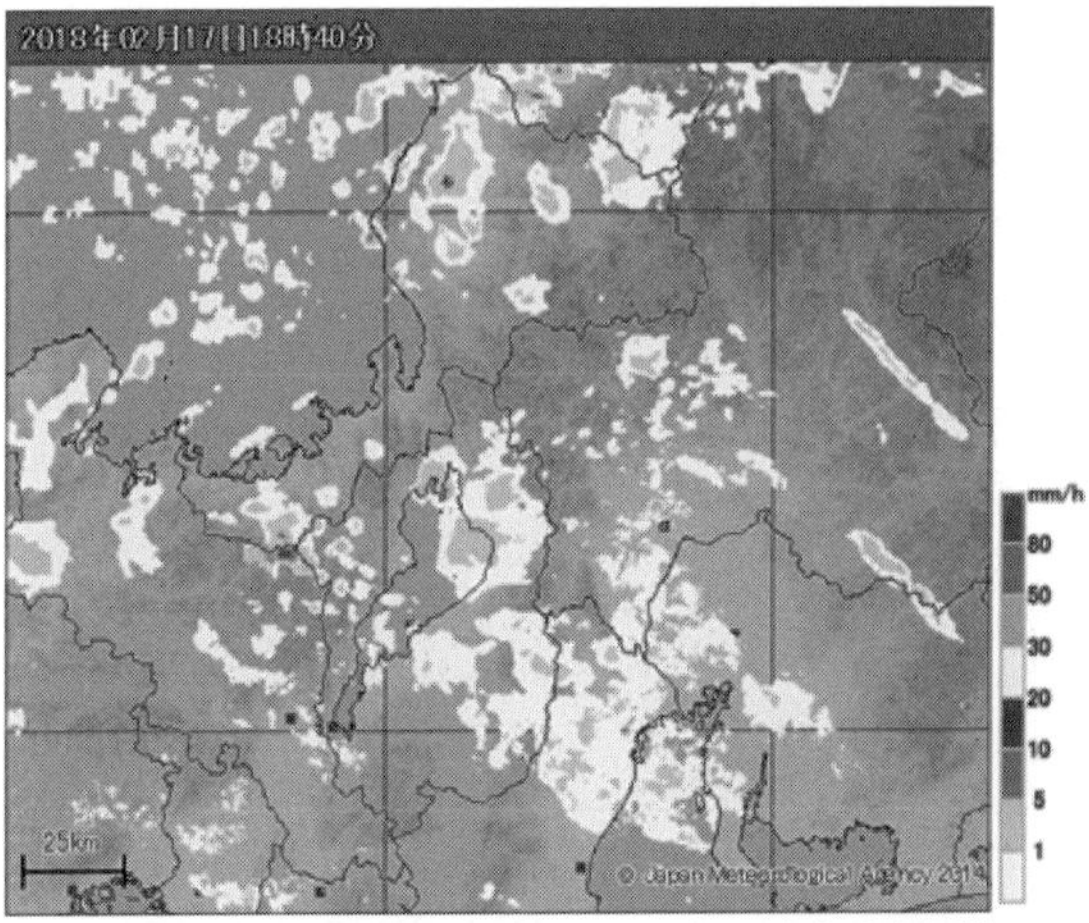


図表 3.6 ｜「高解像度降水ナウキャスト」の例（気象庁資料）

（ＭＳＭ）の風などの資料を利用しています。

「降水ナウキャスト」を一段ときめ細かくしたのが図表3・6に示す「高解像度降水ナウキャスト」です。移動方向および速度は「降水ナウキャスト」と同じですが、もとになるデータは3次元的な降水の観測値で250メートルの解像度の観測値を用いています。

いずれも気象庁のウェブサイトで公開されていますので、外出や屋外での作業などに非常に有用な予報といえます。さらに航空関係者にとっても、空港施設の管理などに有効かと思われます。

[ 第 4 章 ]

# 数値予報

# 1 気象予測のための基本的原理

## 運動を支配する基礎方程式系

物体を流体と固体に分けると、大気は水などと同じく流体に属し、その振る舞いは「流体力学」として扱われます。さらに大気は圧力の変化に伴って密度も変化するため「圧縮性流体」と呼ばれ、その運動や温度などを支配する原理・原則が「運動方程式系」です。

流体力学によれば、ある時間および場所における大気の状態は、「気温」「気圧」「密度」「風」「水蒸気」の合計5個の気象要素がわかれば、一義的に決まります。次の運動方程式系は、これら5個の要素の時間変化などを決める原理・原則です。

具体的には、運動方程式系は、①「ニュートンの運動の法則」、②「熱エネルギー保存の法則」、③「質量保存の法則」、④「ボイル・シャルルの法則（気体の圧力・体積・温度の3者の拘束条件で、どの瞬間でも成り立つ関係）」、⑤「水分量保存の法則」

の5つから成り立っています。これらの導出などの詳細については他書に譲るとして、ここでは以下に概要を述べます。

## ●ニュートンの運動の法則

物体に力を加えると加速度が生じて動こうとします。この様子を定式化したのが数・物理学者のニュートン（Isaac Newton, 1642-1727）です。ニュートンの運動の法則を空気分子という物体（大気）に当てはめて考えてみましょう。気圧とは空気の塊の任意の面に直角に働く力ですから、気圧の空間的な分布（気圧差）は空気を動かす力として働き、流れを本質的に支配します。図表4・1は気圧の働く様子を示したもので、数値予報モデルでは、大気中にこのような小部屋（たとえば10キロメートル四方の直方体など）を考えて、計算を行なっています。

この小部屋の相対する面に働く気圧に差があれば、たとえば、東面が1000ヘクトパスカル、西面が1004ヘクトパスカルだとすると、この小部屋の空気塊が東向きの加速度を受けて、西風が加速される（生まれる）わけです。実際の計算では、

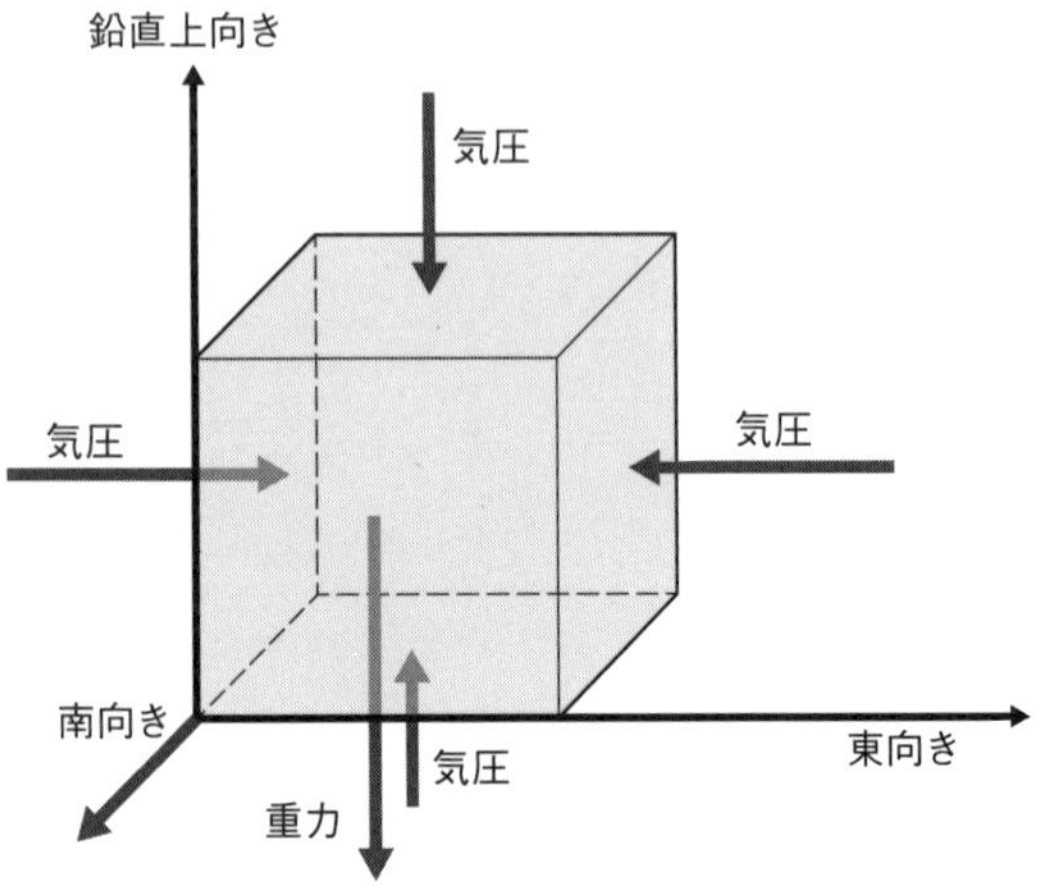


図表 4.1 ｜気圧の働き方

気圧は3次元的に変化していますから、それを東西方向、南北方向、鉛直方向の三つの成分に分けて考えます。なお、鉛直方向の成分を考える場合は、その小部屋の質量に重力が下向きに作用します。

一般に大気の運動（広義の風）も3次元的ですから、風の場も東西方向の成分（$u$）、南北方向の成分（$v$）、鉛直方向の成分（$w$）の三つに分解して扱います。

次に、$x$を東西方向（東向きを正）、$y$を南北方向（北向きを正）、$z$を鉛直方向（上向きを正）の座標軸、時間を$t$とし、また、対象としている空気塊（単位質量）の密度を$\rho$とすると、その運動は次のような方程式で表現されます。説明の簡便化のため、ここでは東西方向の運動を考えます。

$du/dt = -(1/\rho) \times x$（気圧傾度：気圧の東西方向の差）＋転向力（コリオリ力）＋摩擦力

この方程式の左辺（$du/dt$）は、個別微分と呼ばれ、空気塊の風速（$u$）の時間変化の割合、すなわち「加速度」を表しています。dは微分を表す文字です。その加速度に寄与する要素が右辺の3つの項です。第1項は「気圧傾度力」と呼ばれ、空気塊の西側と東側の気圧の差（「気圧傾度」）を表します。（図表4・1）。

第2項は「転向力」と呼ばれ、地球が自転をしているために現れる力で、発見者であるコリオリ（Gaspard-Gustave de Coriolis, 1792-1843）の名をとって「コリオリ力」とも呼ばれます。この「コリオリ力」は実質的な力ではなく、自転している地球で現れる「見かけの力」です。「コリオリ力」の果たす役割は、非常に重要であることから、別節であらためて触れます。第3項は、摩擦による力です。

## ●熱エネルギー保存の法則

熱エネルギー保存の法則は物体の温度の変化に関する法則です。単位質量の空気塊を考え、その温度をT（絶対温度）とします。物体の持つエネルギーは、伝導や対流、放射など熱の輸送形態は異なっても、その総量は変わらないというのが「熱エネルギー保存の法則」で、次のように表現されます。

dT/dt ＝外部から供給される熱量－外部に放出される熱量＋内部での発熱あるいは冷却量

この式は、内部で発熱や冷却がなければ、物体の温度はその表面を通じて出入りする正味の熱量によって変化することを意味しています。たとえば、先の図表4・1で、塊の西側から流れ込む熱量が、東側から流出する熱量より多ければ、その分だけ加熱されて暖まることになります。

なお、この式において、外部との間で熱の出入りがない運動は「断熱過程」と呼ばれます。

ちなみに空気塊が上昇するときに温度が低下する割合は、水蒸気の凝結が起きていなければ約10℃／キロメートルですが、水蒸気が飽和している場合は約5℃／キロメートルです。その理由は上昇の途中で凝結熱が発生して空気塊が暖められることで、冷え方が弱くなるためです。

## ●質量保存の法則

質量保存の法則は、ある瞬間に空気塊に含まれている質量は、時間が経過しても変化しないという原理です。

## ●ボイル・シャルルの法則

ボイル・シャルルの法則は、空気塊の運動に伴って、空気塊の気圧（$p$）、体積（$v$）、温度（T）の3者が、常に$pv$=RTの関係を満たすという法則です。Rは気体定数といい、一定の値を示します。よく知られているように、温度が変化しない場合、気圧と体積は反比例の関係にあることを表しています。

## ●水分量保存の法則

水分量保存の法則は、空気塊に含まれている水分量を $q$ と表すと、熱エネルギー保存の法則と同じ考え方で、

$dq/dt$ = 外部から供給される水分量 − 外部に流出する水分量

と表せます。

これら5つの方程式系は、数学的には「連立偏微分方程式系」と呼ばれるものです。数値予報では、これらの方程式系を将来に向かって延長（時間で積分あるいは時間外挿）しています。連立とは、気圧、気温、風などの合計5つの気象要素は、どの場所であっても、勝手に変化せず、またどの瞬間であっても、これらの式を同時にそれぞれ満たすように運動するという、拘束（連立）条件を意味しています。

## コリオリカ（転向力）

私たちが風を観測する際、地表に風向・風速計を固定し、北極星の方向を北と設定します。ところが、地球は自転していますから、宇宙から見れば、地球上の北の方向は反時計回りに回転しています。したがって、宇宙から見て真直ぐに進んでいる地球上の物体（空気の塊）は、地表につけた目印（方向）で観測すれば、時間とともに右側に偏寄して（逸れて）進むように観測されます。仮に地球が自転していなければ、当然、この力は現れず真直ぐに進みます。

この力は、図表4・2に示すように、回転する円盤上で絵具あるいはインクを塗った球を転がす場面をイメージすると理解できます。上から（宇宙から）見れば、球は真直ぐに転がりますが、円盤上ではその軌跡は右へ曲がっています。すなわち、円盤上（地球上）にいる私たちから見れば、あたかも右へ方向を変える力が働いていると認識するわけです。ちなみに遊園地の回転木馬の上で、近くの人にボールを投げた場合にも、同じことが実感できます。

しかし、私たちは「気圧傾度力」と同じように、このような力が実質的に働いてい

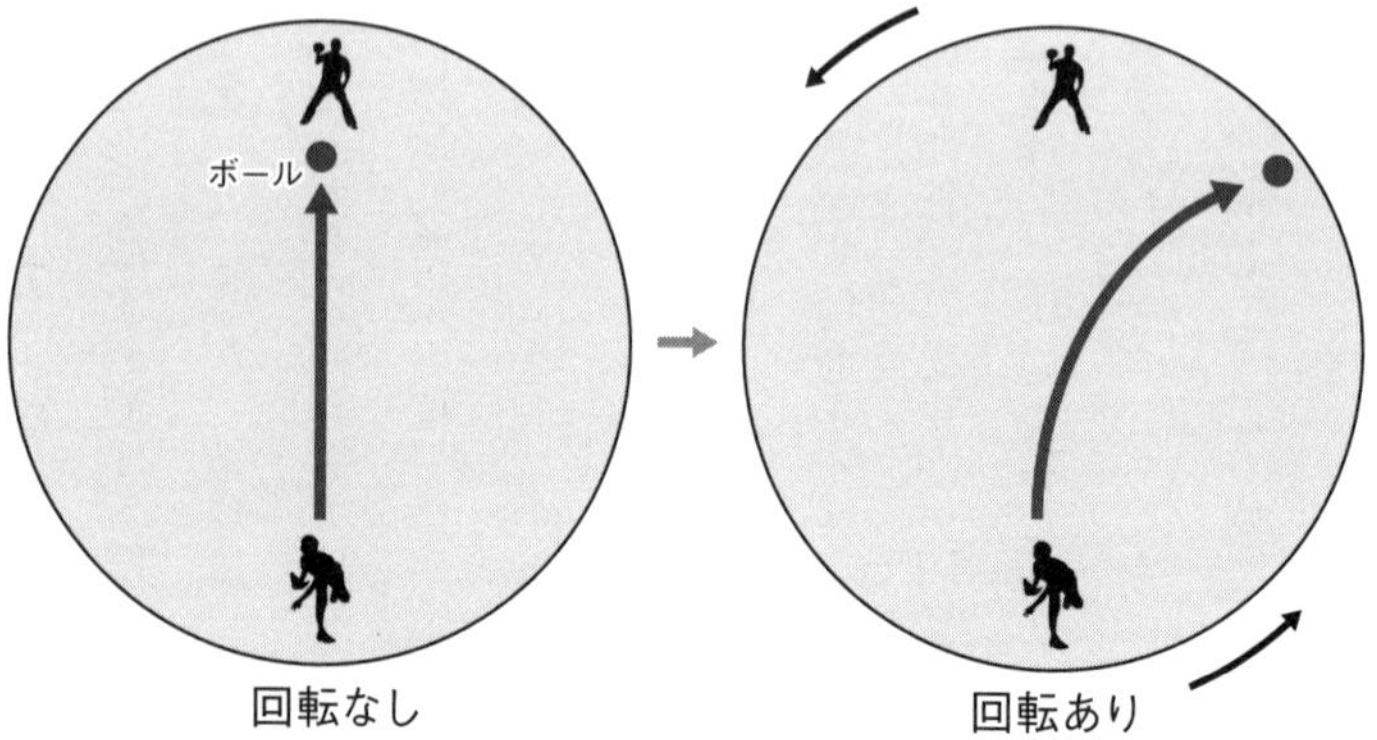


図表 4.2 ｜回転する円盤上で見た球の動き（左は非回転、右は回転）

るとしか認識できません。

コリオリ力は、運動方程式系で見れば、運動の方向を常に右へ右へと変化させる力として働きます。ちなみに低気圧や台風が反時計回りの回転（循環）であるのは、この力のためです。南半球に行けば地球は南極を通る鉛直軸の周りを「時計回り」に自転していますから、低気圧や台風（南半球ではトロピカルサイクロンと呼ばれる）は時計回り（右巻き）の回転となっています（図表４・３）。

なお、仮に地球が自転していなければ、力は気圧の高いほうから低いほうに働くので、風は等圧線を直角に横切って低圧側に

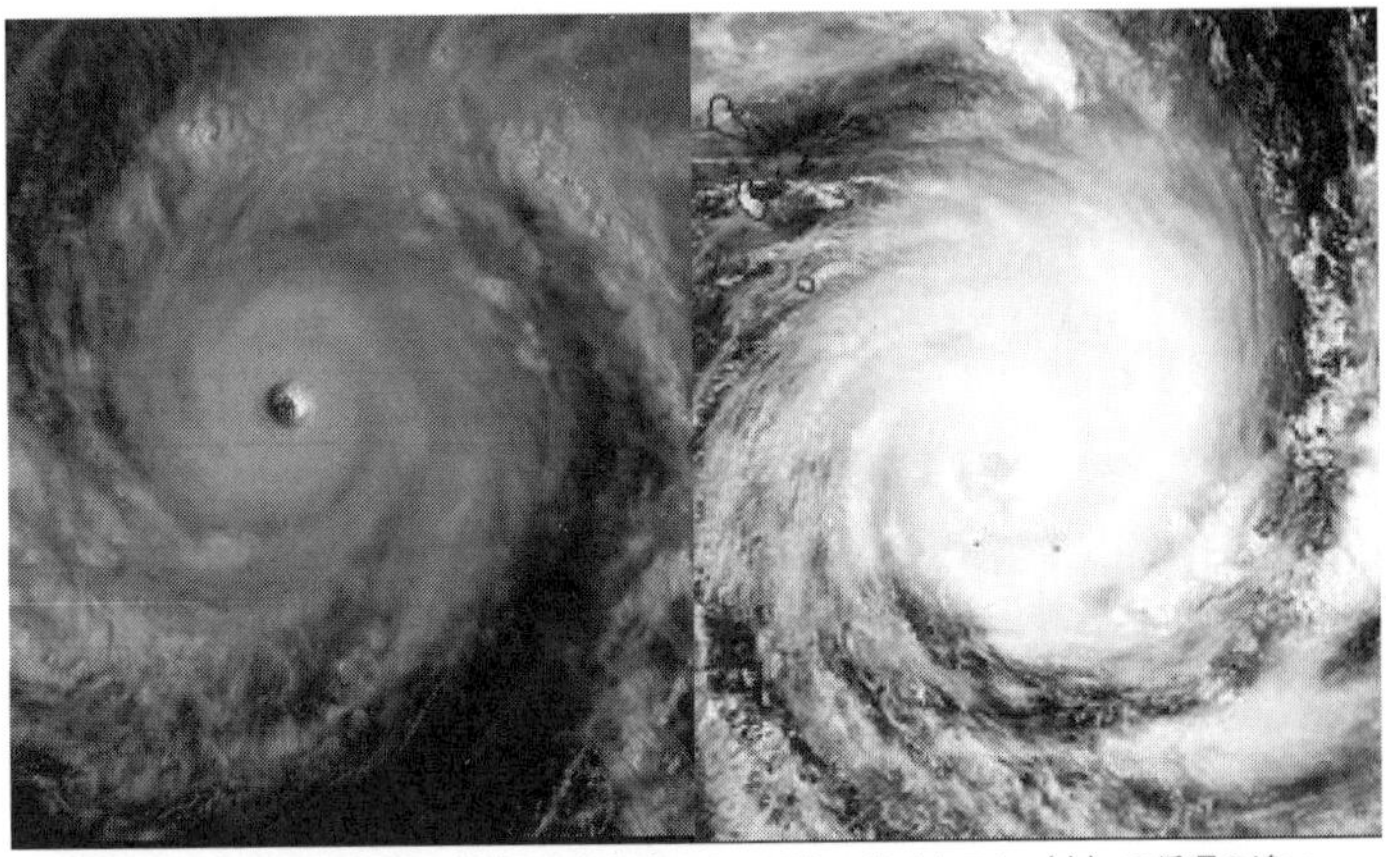

図表 4.3 ｜北半球の台風（左）と南半球のトロピカルサイクロン（右）の循環の違い

吹くはずです。

熱帯低気圧の発生・発達にとって、この「コリオリ力」が重要な役割を演じていることから、簡単に説明します。

コリオリ力は回転体の上で現れる見かけの力と述べましたが、先述の円盤ではなく、地球のような球体では、どのようになるでしょうか。図表4・4のように、両極（A）では地表は鉛直軸の周りを24時間で1回転します。しかし、赤道上では鉛直軸はただ赤道面上（C）をぐるっと水平に1回転するだけです。したがって右へ右へと働くコリオリ力はゼロですが、赤道から南北に離れるにつれて（B）鉛直軸の周りの回転が

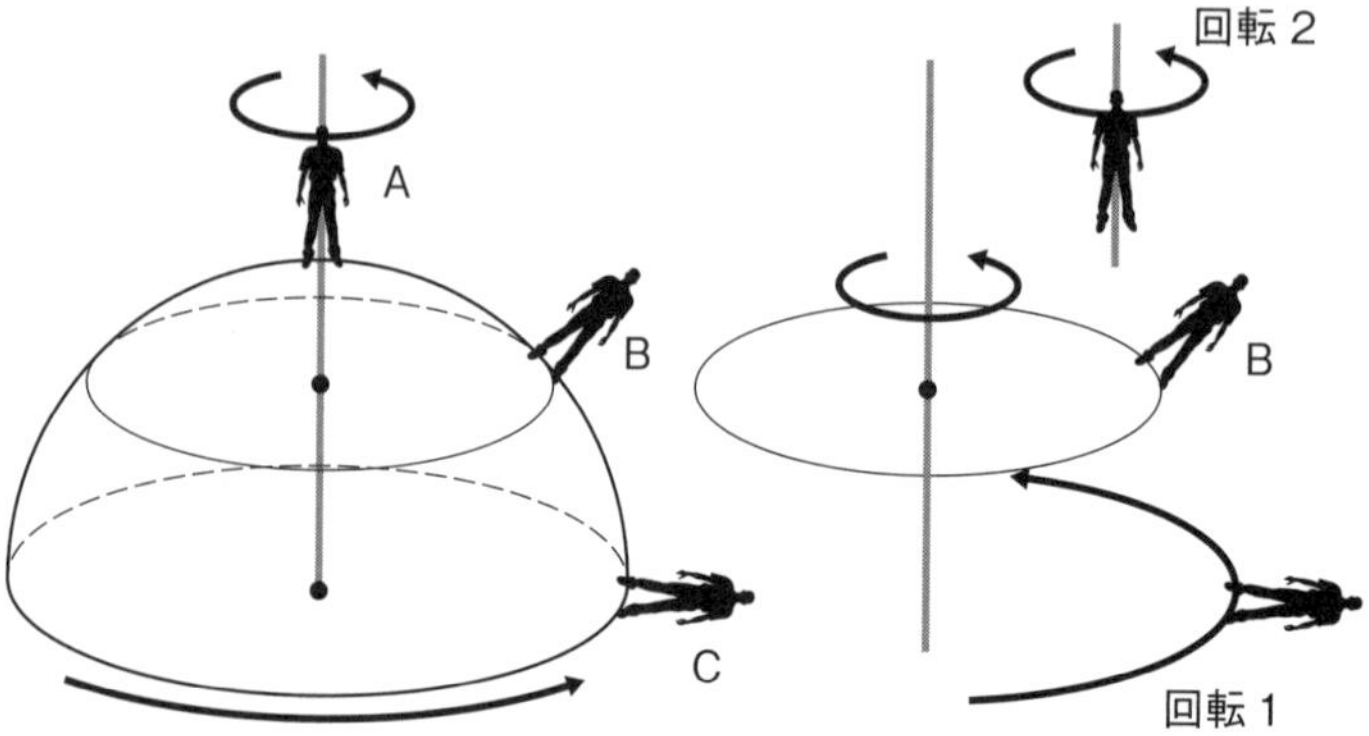


図表 4.4 ｜地球の自転と地表の鉛直軸の周りの回転

現れるため、コリオリ力は弱いながらも働きます。

それでは、コリオリ力の緯度変化を念頭に熱帯低気圧の発生状況を眺めてみましょう。図表４・５は南北両半球で見た熱帯低気圧の発生の分布です。熱帯低気圧が赤道を挟むほぼ５度以内の帯域では発生していないことに注目してください。

実際、この帯域では、積乱雲が日々あちこちで発生・消滅を繰り返していますが、熱帯低気圧という組織的な渦巻きには発達しません。その理由は、「コリオリ力」が非常に小さいため、地上の風は低圧部に向かって真直ぐ流れるだけだからです。

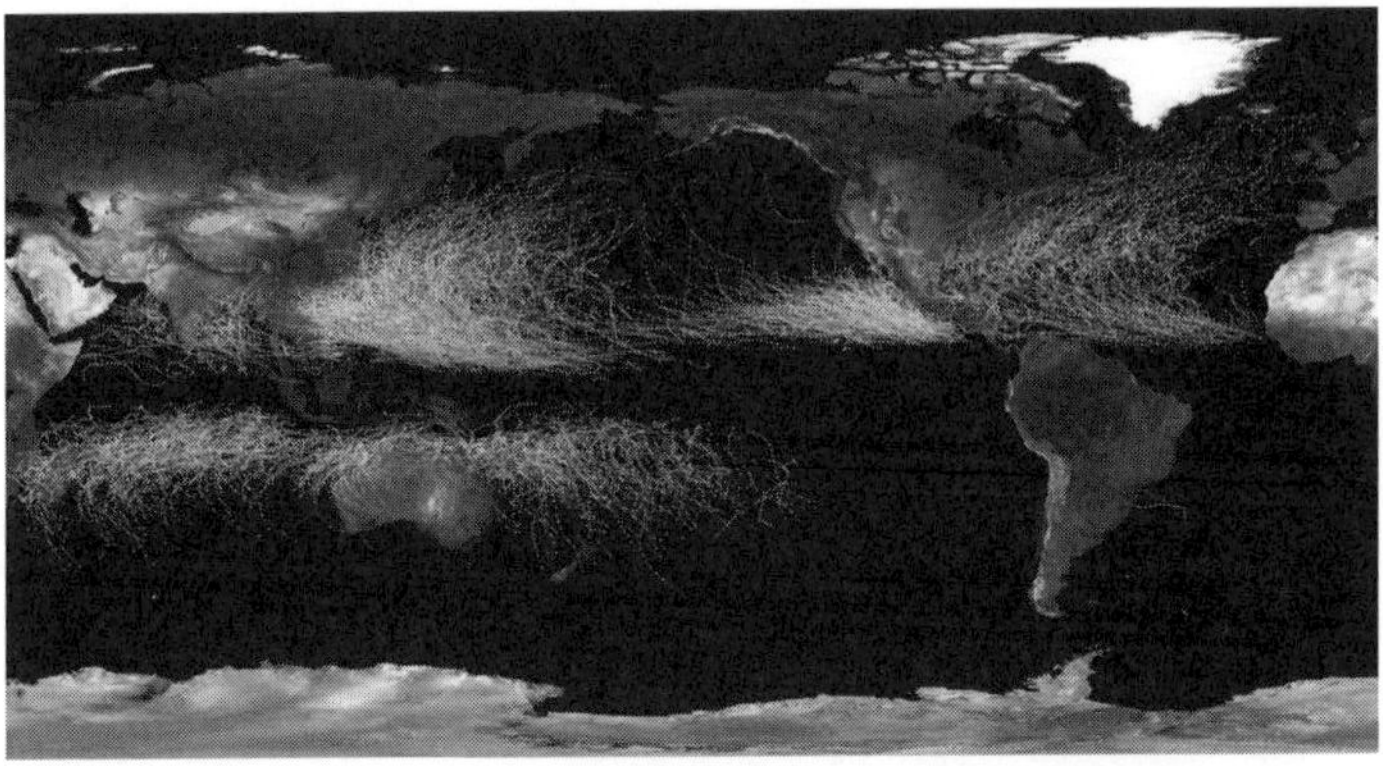

図表 4.5 ｜ 1985 ～ 2005 年までに発生した熱帯低気圧の進路（https://commons.wikimedia.org/wiki/File:Global_tropical_cyclone_tracks-edit2.jpg）

一方、この領域の南北の外側では「コリオリ力」が次第に大きくなるため、地表の流れは、北半球では右側に、南半球では左側に逸れていくので、渦巻きが生まれやすくなります。

ちなみに、「台風の卵」は緯度が南北5度程度より外側で発生する積乱雲の集団（クラウドクラスター：cloud cluster と呼ばれている）のあるものから生まれるといわれています。一たび卵が生まれれば、中心に向かって周囲から風が吹き込み、北半球では左巻き、南半球では右巻きとなって、熱帯低気圧へと発達していきます。

## 地衡風

コリオリ力は、気象学および気象予測において重要な概念であることから、さらに説明したいと思います。それは「気圧分布」と「風」の関係です。この関係は天気図上で等圧線の形を見れば、どんな風が吹いているか、また強いか弱いかが直感的に視認できることから、天気予報の関係者のみならず、一般の方にとっても、非常に有用な情報です。

気圧傾度力とコリオリ力が釣り合った状態で吹いている風は、「地衡風」と呼ばれ、上空では図表4・6に示すように、「風は等圧線に沿って平行に吹き、等圧線の間隔が狭いところほど強くなる」という原則です。

「地衡風」は、ニュートンの運動の法則の式において、風の時間的変化がなく（加速度がなく）、かつ摩擦力がないと仮定すると、次の式が得られます。なお、このような場が時間的に変化しない状態を「定常状態」と呼びます。

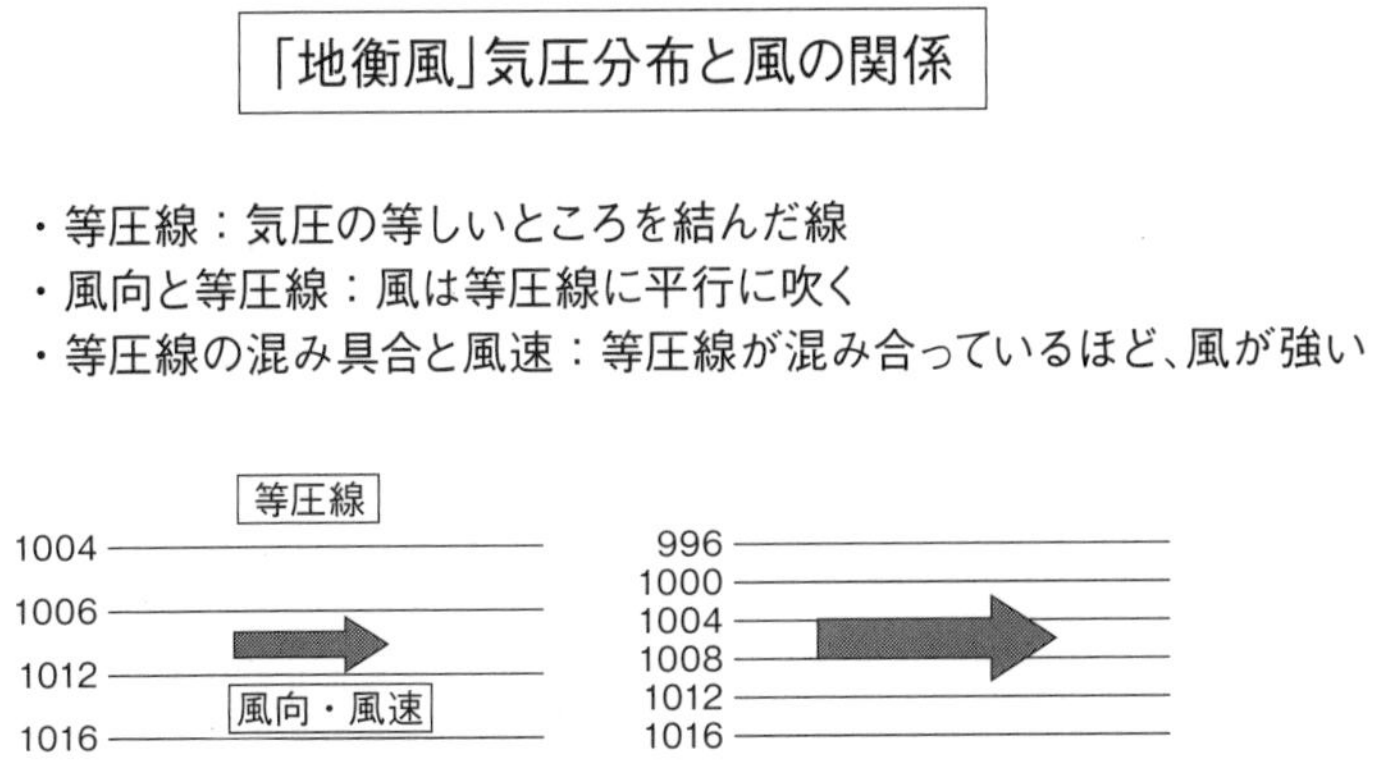
「地衡風」気圧分布と風の関係
・等圧線：気圧の等しいところを結んだ線
・風向と等圧線：風は等圧線に平行に吹く
・等圧線の混み具合と風速：等圧線が混み合っているほど、風が強い
等圧線
1004
1006
1012
1016
風向・風速
996
1000
1004
1008
1012
1016

図表 4.6 ｜地衡風の概念

$(U = 1/f\rho) \times$（気圧傾度）

ここでUは等圧線に平行な風、$f$はコリオリパラメータと呼ばれ、$f = 2\omega \sin\theta$で、$\omega$は自転の角速度＝$(7.29 \times 10^{-5})$、$\theta$は緯度です。

この式によれば、たとえば、北緯35度で4ヘクトパスカルおきに引いた等圧線の間隔が200キロメートルの場合の「地衡風」は24メートル／秒となります。

「地衡風」は「気圧傾度力」と「コリオリ力」が平衡（バランスのとれた状態、互いに向きが反対で大きさが同じ）なとき、風は等圧線に平行に、気圧の低いほうを左に見て

図表 4.7 ｜「地衡風」における「気圧傾度力」と「コリオリ力」のバランス関係

吹いています。図表4・7は、このような平衡関係を図示したもので、「気圧傾度力」が等圧線に直角に気圧の低い側に働き、「コリオリ力」が正反対の向きに働いています。

# 2 数値予報の手順とアルゴリズム

数値予報では、地表および上空に仮想的に立体的な小部屋（格子網、grid：グリッドと呼ばれる）を多数設定して、そのグリッドごとに計算を行なっています。図表4・8は週間予報や台風進路予報、1か月予報などで用いられる「全球予報システム（通称ＧＳＭ：全球モデル）」の格子網の概念図です。

数値予報による天気予報作業は、図表4・9に示すように、観測から始まって、解析、予報、応用、そして最終的な天気予報の作成・発表までの一連のプロセスで行なわれており、ほとんどが自動的に進められています。しかしながら、短期予報の作成の最終段階は、予測モデルによる近未来の予測が、対応する時刻の実況と整合するよう予報官が手を加えています。また、気象注意報や警報は、予報官が実況と予測をもとに、さらに社会活動（日中・夜間、交通など）の状況を踏まえて発表しています。

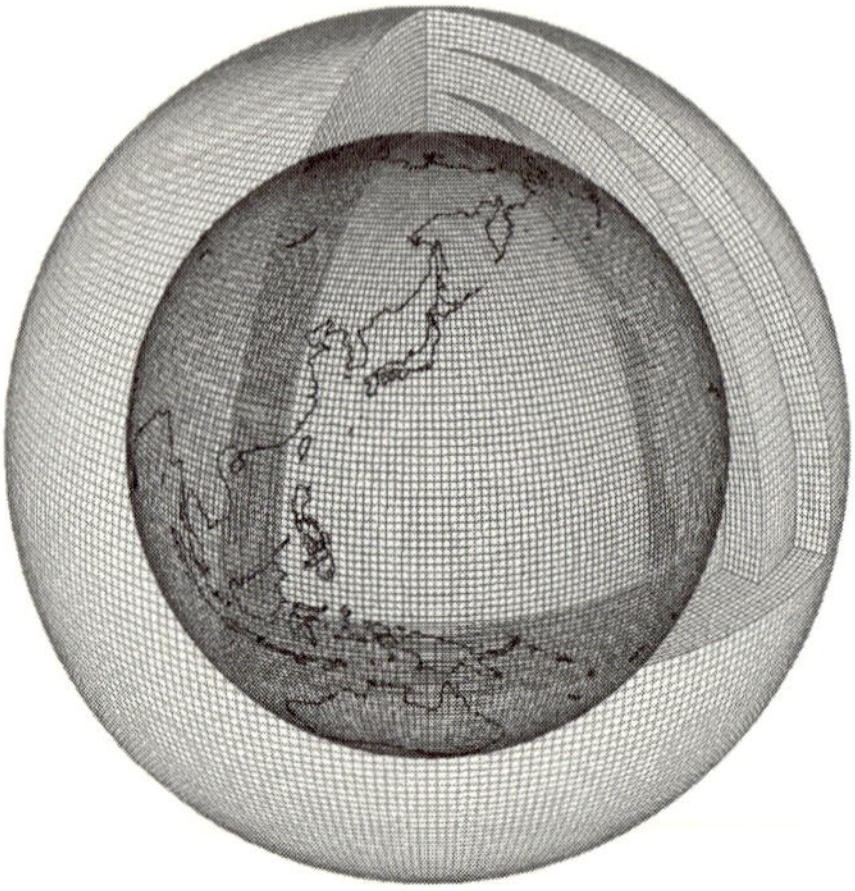

図表 4.8 ｜ GSM の格子網の概念図（気象庁資料）

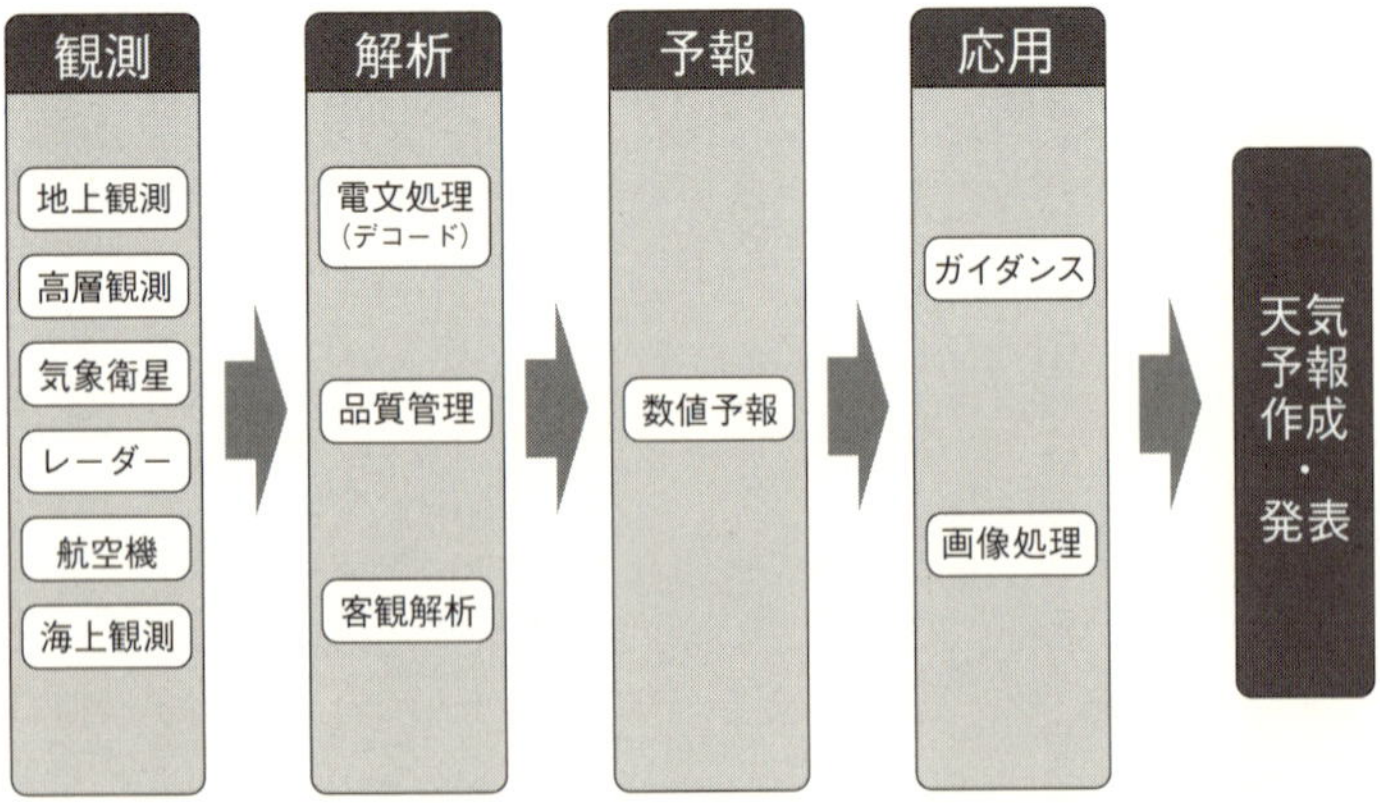


図表 4.9 ｜観測から天気予報までのプロセス（気象庁資料をもとに作成）

## ●観測

数値予報を行なうためには、大気の状態を知らなくてはなりません。「観測」にはいろいろな方法があり、地上・高層・気象衛星・レーダー・航空機・海上観測などが挙げられます。通報形式などは、すべて世界気象機関（WMO）と国際民間航空機関（ICAO）が合意した技術マニュアルに則して実施されています。これらの観測データは、図表2・5に示した全球気象通信回線（GTS:Global Telecommunication System）を通じて、気象庁にも収集されます。ちなみに気象庁は、全球を6区域に区分した中の第Ⅱ地区の通信中枢を担っています。

## ●解析

2番目の段階は「解析」です。数字群で暗号（コード:code）化された観測値のデータ（電文）を元の観測値に戻す「電文処理」で、「デコード（decode）」とも呼ばれます。その後の処理が「品質管理」のプロセスです。たとえば、ラジオゾンデが積乱雲などに突入したための極めて局所的な値ではないかとか、船舶の位置が間違っていないないかといった、誤観測を除く作業が行なわれます。

品質管理を行なった後になされる処理が「客観解析」です。各地点の観測データが、直近の予測モデルの予測値と比較して合理的であるかなどの解析作業です。観測値がモデルの予測値と一定以上かけ離れていれば、その観測値は採用されません。また、航空機による非定時のデータや気象レーダーによるデータも、この客観解析を通じて合理的に取り込まれます。

利用可能なすべての観測データを予測モデルに相応しい初期条件として調整する作業は「データ同化」と呼ばれ、最終的に予測モデルに最適の初期条件が作成されます。

## ●予報

第3段階がいよいよ「予測」の段階で、「数値予報」の実質的な計算が行なわれます。実際の数値予報では、最終的には前節の「連立偏微分方程式系」を「差分方程式系」に変換したものが用いられます。これは数学的な「微分」を「定差」と呼ばれるΔ（デルタ）で表現したもので、微小量を意味します。たとえば149ページの式

の $du/dt$ を $\Delta u/\Delta t$ に、また空間に関する微分を、差分（$\Delta x$、$\Delta y$、$\Delta z$）を用いて、風の $u$ 成分の3次元的な空間微分は、$\Delta u/\Delta x$、$\Delta u/\Delta y$、$\Delta u/\Delta z$ のように近似して行ないます。また、$\Delta x = \Delta y =$ 20km、$\Delta t =$ 10分などです。

最終的には、前述の「ニュートンの運動の法則」は、

$$\Delta u/\Delta t = \mathrm{F}(\mathrm{p})$$

さらに

$$\Delta u = \mathrm{F}(\mathrm{p}) \times \Delta t$$

と変形されます。ここで $p$ は、風（$u$、$v$、$w$）、気圧（$P$）、気温（$T$）などの予測変数を意味します。$F$（$p$）は $p$ の空間分布から決まる関数であり、「客観解析」ですべてが得られます。

次に$\Delta u$は$\Delta t$時間内の$u$の変化を意味しますから、初期の観測時刻を$t_0$、10分後の時刻を$t_1$とすると、$\Delta u(t_1) = u(t_1) - u(t_0)$と表わされるので、結局、

$$u(t_1) = u(t_0) + F(p) \times \Delta t$$

となります。

これがuの10分後の予測値で、数値予報におけるアルゴリズムといえます。もちろん$F$($p$)は時刻$t_0$の値です。したがって、この10分後の値をあらためて初期値と見なして、もうワンステップ将来に計算を進めると20分後の気象要素の場が得られます。

数値予報では、一挙に24時間先や5日先の予測が得られるのではなく、「千里の道も一歩から」という諺がありますが、まさに小刻みに一歩一歩と計算を繰り返していきます。後述の温暖化の予測では、たとえば50年先の値でも、同様な計算ステップが踏まれます。

数値予報における時間積分とは、このような計算の繰り返しにほかなりません。図表4・8で示す全球モデル概念図では、格子（グリッド）の水平間隔（$\Delta x$、$\Delta y$）20キロメートルで、鉛直方向には100層ですから、グリッドの総数は約1億3000万個です。

数値予報ではこのような計算を、温度や水分量などすべての気象要素について繰り返し計算を行なっています。ちなみに、通常のモデルでは、$\Delta t$は400秒（約7分）ですから、24時間予報では約200回、週間予報（計算は132時間分）では約1200回となります。また、これらのモデルの場合、すべての計算を30分程度で完了できます。後述の「週間アンサンブル予報モデル」では、$\Delta t$＝720秒、計算時間は40分です。スパコンがなければ到底実現できない世界です。

図表4・10は全球モデルにおける予測値（GPV：グリッドポイントバリュー）をもとに、画像として表現したもので、地上の気圧分布に降水域が重ねられています。本州の南海上に台風が見えますが、まるで気象衛星の雲画像を見ているように加工されています。

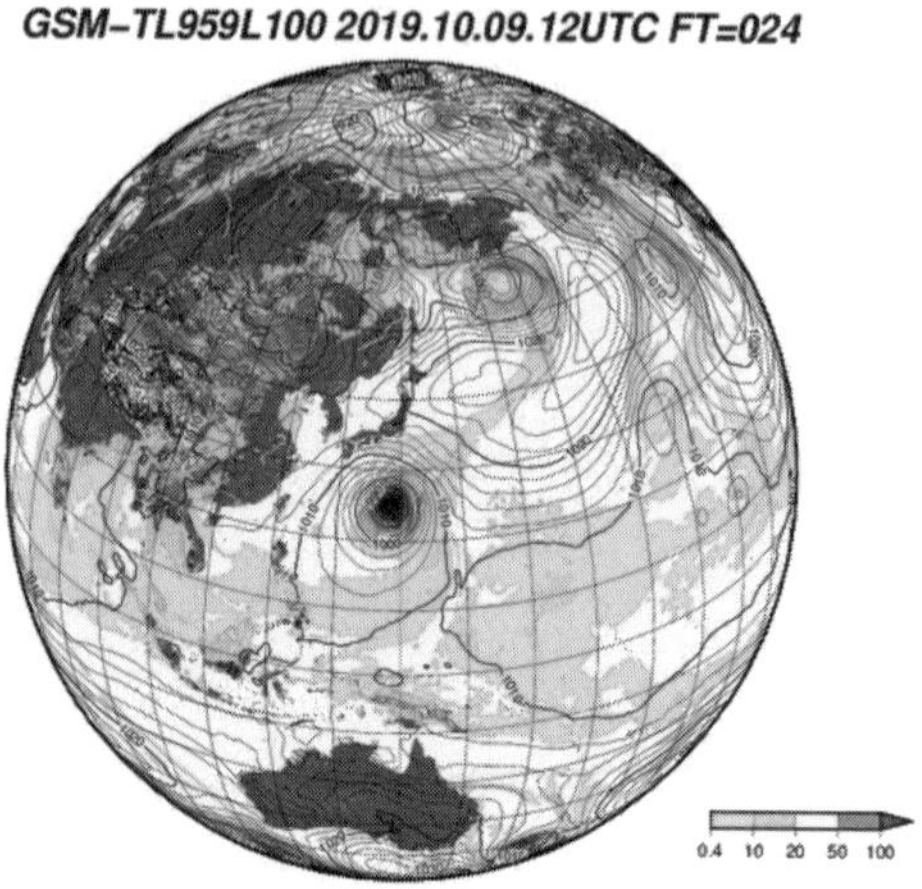


図表 4.10 ｜全球モデルによる地上天気図 24 時間予想（初期値：2019.10.24.12UTC）（気象庁資料）

図表4・11に気象庁が運用しているさまざまな「数値予報モデル」の仕様を示しておきます。

　次に、数値予報の予報領域と表現のきめ細かさについて述べます。モデルを運用するために必要な計算時間などを考慮して、いくつかの計算領域に分けています。図表4・11によると、メソモデルと局地モデルの予報領域は「日本周辺」となっています。図表4・12は「全球モデル」と「メソモデル」の概念図です。「全球モデル」でヒマラヤ付近の色が違って見えるのは山岳を表しているからです。メソモデルでは計算領

<table>
<tr><th>予報モデルの種類</th><th>モデルを用いて発表する予報</th><th>予報領域と格子間隔</th><th>予報期間</th><th>実行回数</th></tr>
<tr><td>局地モデル</td><td>航空気象情報、<br>防災気象情報</td><td>日本周辺 2km</td><td>9 時間</td><td>毎時</td></tr>
<tr><td>メンモデル</td><td>防災気象情報、航空気象情報</td><td>日本周辺 5km</td><td>39 時間</td><td>1 日 8 回</td></tr>
<tr><td rowspan="2">全球モデル</td><td rowspan="2">分布予報、時系列予報<br>府県天気予報、台風予報<br>週間天気予報、<br>航空気象情報</td><td rowspan="2">地球全体 20km</td><td>3.5 日間</td><td>1 日 3 回</td></tr>
<tr><td>11 日間</td><td>1 日 1 回</td></tr>
<tr><td rowspan="4">全球アンサンブル<br>予報システム</td><td rowspan="4">台風予報、週間天気予報、<br>異常天候早期警戒情報、<br>1 か月予報</td><td rowspan="4">地球全体<br>18 日先まで<br>40km<br>18 ～ 34 日先まで<br>55km</td><td>5.5 日間</td><td>1 日 2 回<br>（台風予報用）</td></tr>
<tr><td>11 日間</td><td>1 日 2 回</td></tr>
<tr><td>18 日間</td><td>週 4 回</td></tr>
<tr><td>34 日間</td><td>週 4 回</td></tr>
<tr><td>季節アンサンブル<br>予報システム</td><td>3 か月予校、暖候期予報<br>寒候期予報、<br>エルニーニョ監視速報</td><td>地球全体<br>大気 110km<br>海洋 50 ～ 100km</td><td>7 か月</td><td>月 1 回</td></tr>
</table>

図表 4.11 ｜数値予報システム（気象庁資料）

図表 4.12 ｜「全球モデル」と「メソモデル」

図表 4.13 ｜メソモデル（5km 解像度）の地形の俯瞰図

域の西端にかすかに見えます。図表4・13はメソモデルにおける本州中部の山岳のきめ細かさを示しています。

しかしながら、このような一番きめ細かい予測モデルでも、山岳の表現には限界があります。ちなみに関東平野で見れば、秩父や筑波山などもほとんど平らに表現されています。

予測モデルにはいろいろな誤差や特有のクセ（降水量を少なめに予測するなど）があります。このため格子点における計算値（GPV）がそのまま天気予報の晴れや曇り、気温、発雷確率などとはなりません。そこで、種々の補正を行なって、具体的な天気予報を作成するための後処理が行なわれており、その結果が「ガイダンス」と呼ばれる情報となります。

［第５章］

# 短期予報

## 1 予測モデル

短期予報は1、2日先までの予報で、内容は、晴れや曇り、最高・最低気温、霧、波浪などです。図表4・12に示す数値予報モデルのうち、局地モデル、メソモデル、全球モデルが用いられています。

## 2 予報支援資料（ガイダンス）

数値予報の最終段階が、前章の図表4・9の「応用」にあたる「ガイダンス」や「画像処理」です。「ガイダンス」とはあまり耳慣れない用語ですが、「天気予報支援資料」あるいは「天気翻訳資料」と呼ばれます。

数値予報は、水平解像度が5キロメートル、20キロメートルのような格子単位で計

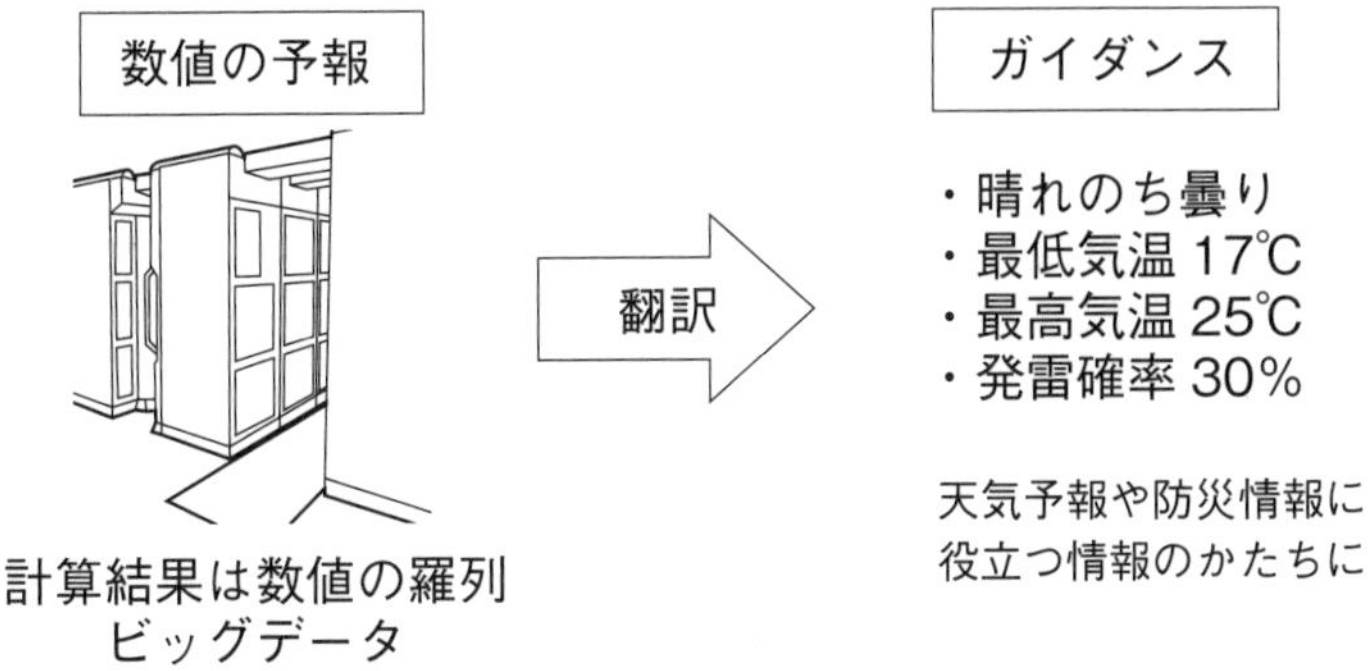


図表 5.1｜ガイダンス作成のイメージ

算が行なわれており、その内部の風や気温は一様であると処理されます。一方、都市や行政区は、それらの格子とは一致しません。また、天気予報の要素である「晴れ」や「曇り」のほか、「最高・最低気温」「降水確率」「発雷確率」「霧」などは、数値予報の予測値（GPV）ではありませんから、GPVを利用してこれらの気象要素を導く必要があります。さらに上述のように、モデルでの地形（山岳や湖沼、河川など）も実際とは異なっています。

　予測モデルは、あくまでも格子点（グリッドポイント）を基準とした大気の運動の近似ですから、当然に誤差を含んでいます。

したがって、実際の天気予報に際しては、数値予報の格子点値(GPV)を引数(インプットデータ)として、天気に関わる要素の「ガイダンス」を作成しています(図表5・1)。

「ガイダンス」の要点をまとめます。

① ガイダンスは数値予報モデルの持つ系統的な誤差などを補正して、気象庁の予報担当者や気象予報士が、具体的な「天気」「最高気温」などの予報を行なうための客観的な「予報支援資料」である。

② 過去の数値予報モデルのGPVと過去の実際の天気などから、両者の関係式(一種の翻訳ルール)を作成している。

③ ガイダンスの基本(アルゴリズム)は、予報対象となる天気などの要素を「目的変数」、それに寄与する湿度や風といった要素を「説明変数」とした、両者の関係式である。図表5・2は発雷確率のガイダンス作成のイメージ。

④ 実際の予報作業では、数値予報モデルの予測値(GPV)を説明変数として、関係式に代入して、目的変数を求めている。

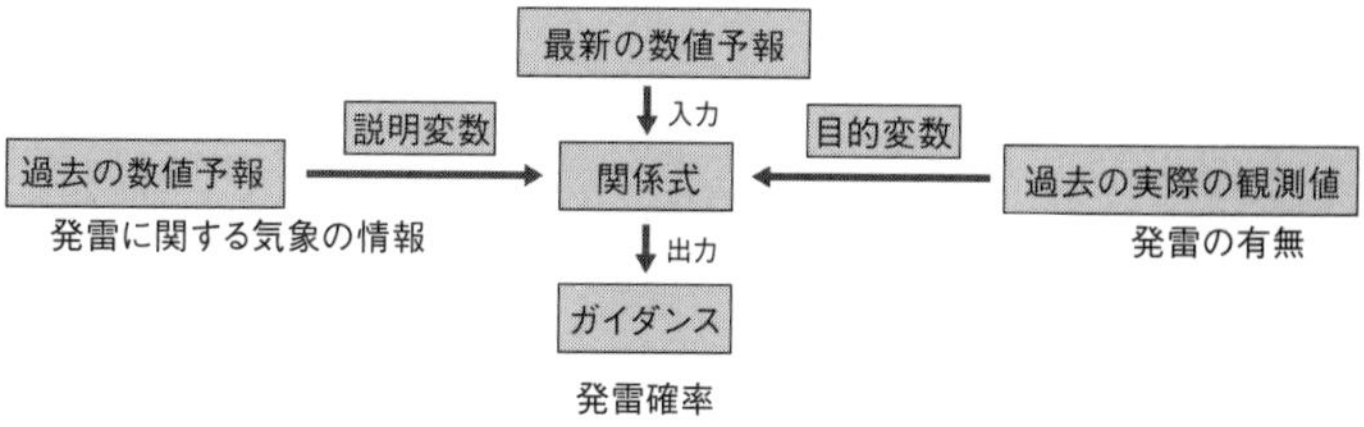


図表 5.2 ｜ガイダンスにおける「説明変数」と「目的変数」（発雷確率の場合）（気象庁資料をもとに作成）

⑤ ガイダンスの関係式には、予測目的によっていろいろな方式が開発・運用されている。

⑥ ガイダンス関係式は、あくまでも最大公約数的であり、したがって、たまに起きる事象には精度がよくない。

⑦ ガイダンスは、民間の気象事業者にも、「一般財団法人気象業務支援センター」を通じて、提供されている。

⑧ ガイダンスは、天気予報を解説する際にも利用されている。

主要なガイダンスについて説明していきます。

## ●晴れ・曇りのガイダンス

「晴れ」や「曇り」など「天気」に関するガイダンスは、ちょっと変わっており、人間の脳が持つ学習・記憶の機能を取り入れた「ニューラル（神経）ネットワーク」という手法で行なわれています。人は自分に関係がある話であれば、耳を立ててよく情報を記憶しますが、逆にあまり関係がなければ聞き流します。すなわち、人間の場合は与えられた情報に無意識に重みをつけて記憶しているわけです。「天気」のガイダンスの作成には、このような機能を持つアルゴリズムが用いられています。この技術を手短に言えば、インプットデータとアウトプットデータを比較して、インプットデータのうち、寄与の大きなデータに自動的に重みをつける方法です。

具体的には、「天気」はその場所と時刻における上昇流、湿度、風などの予測値（説明変数：インプットデータ）で表現されると見なして、あらかじめそれらと天気をつなぐ関係式をそれぞれ導いておきます。そして予測のたびに予測値（説明変数）と観測値（目的変数：アウトプットデータ）を比較して、常に誤差が最小になるように自動的に関係式の重み（係数）が調整されます。このようなニューラルネットワークの

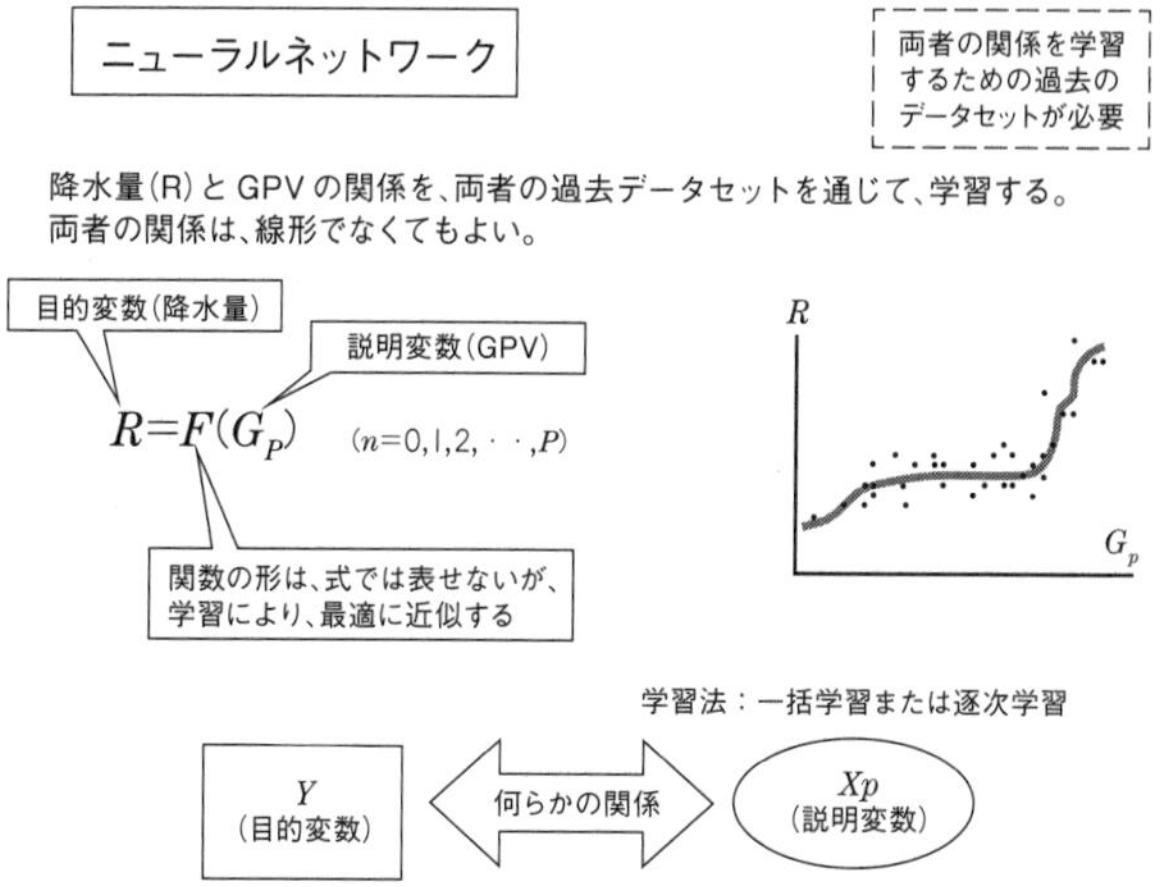


図表5.3｜ニューラルネットワーク（気象庁資料をもとに作成）

機能は、両者の関係を「学習する」ともいわれます。

実際の予測の場面では、予測された上昇流などの変数のGPVを引数（インプットデータ）として与えれば、最適の天気が「晴れ」、「曇り」などと予測できるわけです。図表5・3にニューラルネットワークの概念図を示します。

最近、さまざまな分野でAI（人工知能）の利用が見られます。これは膨大なデータ（ビッグデータ）から、自動的に一定の規則性を導き出す技術で、その手法はディープラーニング（深層学習）などと呼ばれます。気象庁が20年近く前から用いている

| | | | | | | | | | | | | | | | | |
|---|---|---|---|---|---|---|---|---|---|---|---|---|---|---|---|---|
| 2008 | 3 | 10 | 4 | | | | | | | | | | | | | |
| 781 | 日 | 10 | 10 | 11 | 11 | 11 | 11 | 11 | 11 | 11 | 11 | 12 | 12 | 12 | 12 | 12 |
| | 時 | 18 | 21 | 0 | 3 | 6 | 9 | 12 | 15 | 18 | 21 | 0 | 3 | 6 | 9 | 12 |
| | | | | | | | | | | | | | | | | |
| CHOSHI | 気温 | 13.4 | 12.1 | 12.4 | 10.2 | 9.8 | 13.2 | 15 | 17 | 11 | 9.9 | 9.3 | 8.6 | 7.1 | 11.6 | 14.7 |
| | 風向 | 南西 | 南西 | 南西 | 南西 | 西南西 | 南 | 南南西 | 西南西 | 北 | 北西 | 西 | 西 | 西 | 西 | 南 |
| | 風速 | 10.4 | 8.3 | 8.8 | 5.6 | 2.6 | 3.6 | 10 | 11.5 | 8.8 | 2.3 | 2.8 | 2.1 | 2.8 | 1.1 | 0.1 |
| | 天気 | 晴 | 晴 | 晴 | 晴 | 曇 | 雨 | 雨 | 雨 | 曇 | 曇 | 晴 | 晴 | 晴 | 晴 | 晴 |
| | 降水量 | 0 | 0 | 0 | 0 | 0 | 3 | 12 | 3 | 0 | 0 | 0 | 0 | 0 | 0 | 0 |
| | 降水確率 | 0 | 0 | 0 | 10 | 10 | 90 | 90 | 60 | 60 | 0 | 0 | 0 | 0 | 0 | 0 |
| YOKOSHIE | 気温 | 12.9 | 10.8 | 9.7 | 6.7 | 7.9 | 11.6 | 14.4 | 18.3 | 11.4 | 9 | 6.8 | 5.7 | 4.5 | 11.8 | 16.3 |
| | 風向 | 南南西 | 南西 | 南西 | 西 | 南南西 | 南南西 | 南南西 | 南西 | 北 | 北 | 北 | 北 | 西北西 | 北 | 南 |
| | 風速 | 2.8 | 2.4 | 2.3 | 0.6 | 0.8 | 2.3 | 6 | 4 | 2.3 | 1.2 | 1 | 0.7 | 0.9 | 1.4 | 1.6 |
| | 天気 | 晴 | 晴 | 晴 | 晴 | 曇 | 雨 | 雨 | 雨 | 曇 | 晴 | 晴 | 晴 | 晴 | 晴 | 晴 |
| | 降水量 | 0 | 0 | 0 | 0 | 0 | 4 | 9 | 2 | 0 | 0 | 0 | 0 | 0 | 0 | 0 |
| | 降水確率 | 0 | 0 | 0 | 10 | 10 | 90 | 90 | 50 | 50 | 0 | 0 | 0 | 0 | 0 | 0 |
| CHIBA | 気温 | 13.4 | 12.8 | 11.6 | 11.3 | 9.4 | 10.9 | 12.9 | 16.1 | 11.4 | 11.2 | 9.6 | 9 | 7.7 | 11.3 | 15.1 |
| | 風向 | 南南西 | 南西 | 南西 | 西南西 | 南 | 南 | 南西 | 西北西 | 北西 | 北西 | 北 | 北 | 西北西 | 北 | 南西 |
| | 風速 | 10.3 | 11.2 | 4.7 | 3.1 | 2 | 2.8 | 6.6 | 5.6 | 3.8 | 2.5 | 1.6 | 2.1 | 1.7 | 2 | 2.4 |
| | 天気 | 晴 | 晴 | 晴 | 晴 | 曇 | 雨 | 雨 | 雨 | 曇 | 晴 | 晴 | 晴 | 晴 | 晴 | 晴 |
| | 降水量 | 0 | 0 | 0 | 0 | 0 | 4 | 5 | 1 | 0 | 0 | 0 | 0 | 0 | 0 | 0 |
| | 降水確率 | 0 | 0 | 0 | 10 | 10 | 90 | 90 | 50 | 50 | 0 | 0 | 0 | 0 | 0 | 0 |
| MOBARA | 気温 | 14 | 11.7 | 10.6 | 9 | 8.9 | 12.8 | 15.3 | 19.6 | 12.8 | 10.4 | 8.2 | 7.3 | 6.5 | 12.9 | 17.5 |
| | 風向 | 南南西 | 南西 | 南西 | 西南西 | 南南西 | 南西 | 南南西 | 西南西 | 北西 | 北 | 北 | 北 | 北 | 北西 | 南 |
| | 風速 | 3.6 | 3.3 | 1.6 | 0.9 | 0.8 | 1.5 | 5.1 | 3.5 | 2.2 | 1.2 | 1.1 | 1.1 | 1.2 | 1.8 | 1.5 |
| | 天気 | 晴 | 晴 | 晴 | 晴 | 曇 | 雨 | 雨 | 雨 | 曇 | 晴 | 晴 | 晴 | 晴 | 晴 | 晴 |
| | 降水量 | 0 | 0 | 0 | 0 | 0 | 4 | 15 | 2 | 1 | 0 | 0 | 0 | 0 | 0 | 0 |
| | 降水確率 | 0 | 0 | 0 | 20 | 20 | 90 | 90 | 50 | 50 | 0 | 0 | 0 | 0 | 0 | 0 |
| USHIKU | 気温 | 13.1 | 10.6 | 9.1 | 7.8 | 7 | 12.5 | 15.3 | 19.3 | 12.3 | 9.2 | 6.7 | 6 | 4.3 | 11.9 | 17.3 |
| | 風向 | 南西 | 南西 | 南南西 | 南南東 | 南東 | 南南西 | 南南西 | 西南西 | 北西 | 北西 | 北西 | 北 | 北北東 | 北西 | 南 |
| | 風速 | 4.3 | 5 | 1.9 | 0.2 | 2.3 | 3.8 | 6.8 | 4.5 | 3.3 | 1.4 | 1.3 | 1 | 0.9 | 1.4 | 2.3 |
| | 天気 | 晴 | 晴 | 晴 | 晴 | 曇 | 雨 | 雨 | 曇 | 曇 | 晴 | 晴 | 晴 | 晴 | 晴 | 晴 |
| | 降水量 | 0 | 0 | 0 | 0 | 0 | 5 | 13 | 1 | 0 | 0 | 0 | 0 | 0 | 0 | 0 |
| | 降水確率 | 10 | 0 | 0 | 20 | 20 | 90 | 90 | 30 | 30 | 0 | 0 | 0 | 0 | 0 | 0 |

図表5.4｜表形式のガイダンスの例（気象庁資料）

ニューラルネットワークによる予測技術は、まさにＡＩにほかなりません。

図表５・４は、「ガイダンス」を表形式にしたものです。気象庁部内で使用されているほか、ＮＨＫなどのテレビや民間の気象会社は、気象業務支援センターを通じて購入しています。このガイダンスでは、千葉県内の気温、風向・風速、降水確率、天気の３時間ごとの予測が記されています。テレビなどに出演している気象キャスターもガイダンスを予報や解説に利用しています。

## ●最高・最低気温のガイダンス

ある地点の実際の観測値$To$とモデルで予

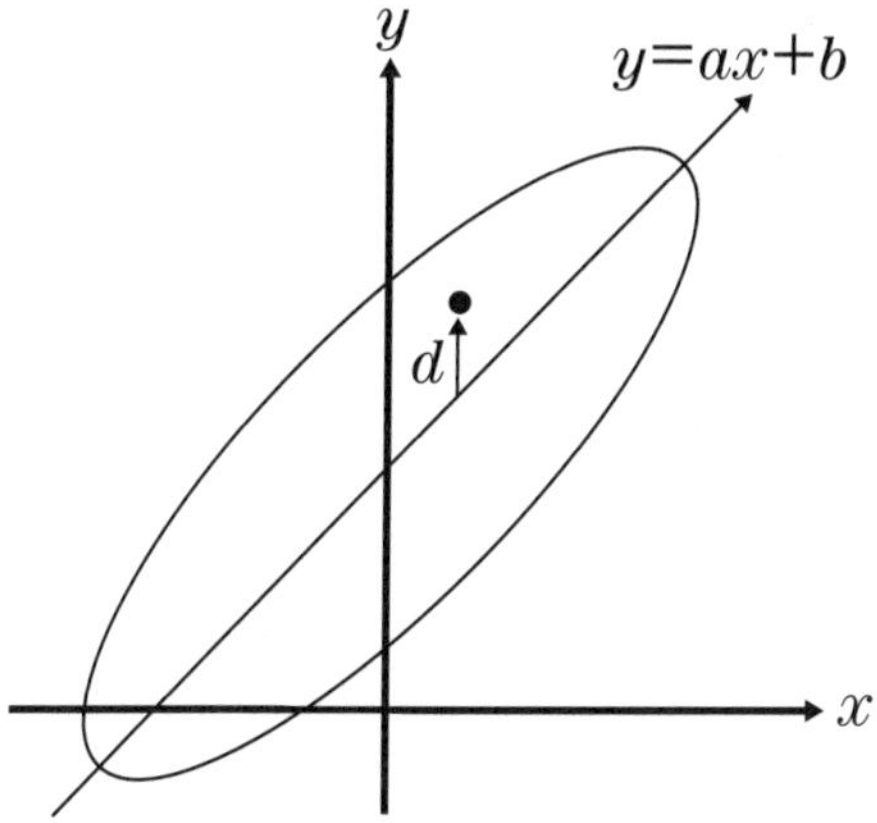


図表 5.5 | 線形回帰式の概念図

測した近傍の地点の値（GPV）Tpとは誤差があります。図表5・5はこの2つの変数についての過去の多数のデータセットから、両者の関係を導く線形回帰式の概念を表したもので、$y = ax + b$の形で式が求められます。

そこで、たとえば、対象地点における過去1年間の観測値と近傍の予測値の両者のデータセットを用いて、図表5・5と同様な図の上に、横軸にTp、縦軸にToをとって、過去のそれぞれのデータをプロットすれば、それらを最大公約数的に表現する線形の回帰式を導くことができ、係数$a$、$b$が一義的に決まります。したがってモデルでの実際の予測GPVを、式の右辺に引数として代入すれば、最高・最低気温が予測できるわけです。

ただし、現在は、このような過去の両者のデータセットによる回帰式の係数を固定しない、「カルマンフィルター」という手法が採用されています。この手法の特徴は回帰式の係数を固定しないで、近過去（数週間など）のデータから、誤差が最小になるように係数を調整するもので、より精度が高くなっています。

## ●降水確率ガイダンス

数値予報モデルを用いると、どの領域にどのくらいの降水があるかを計算することができます。具体的には、格子間隔が1キロメートルのモデルによって、格子ごとの降水量の予測が可能です。「降水確率」とは、対象とする予報区域内で、一定の時間内に、1ミリメートル以上の雨か雪が降る確率です。降水の量や時間、面積ではありません。

降水の有無や量は、風向きや温度、湿度、上昇気流などの気象要素に依存しますが、決して同じ条件は再現されません。しかし、降水があるときはだいたい同じ環境条件が満たされた場合です。したがって、「降水確率」と呼ばれる理由は、たとえば確率が60パーセントとすると、モデルで今回求められた場合（条件下）が100回あれば、そのうち60回は降水があり得ると解釈できるからです。しからば、1キロメートル格子ごとに降水量を発表すればと考えられますが、計算では1キロメートルの格子で行なわれているものの、各格子の計算値がそのまま、実際の予報としての意味を持つことはなく、このような面積および時間平均に意味があるのです。

## ●発雷確率ガイダンス

普段に比べて上空に冷たい空気が流れ込む（いわゆる寒気の流入）と、上空が下層と比べ相対的に重たくなります。そこに強い日射や山岳による上昇気流などのキッカケがあると、激しい対流が起きて積乱雲が生まれ、雷が発生します。すなわち、大気が不安定な場合に雷は発生しやすくなります。

発雷確率は、対流の発生に寄与する6個の気象要素を説明変数として計算されています。目的変数が、雷雲から離れた場所への落雷にも対応するために、60キロメートル四

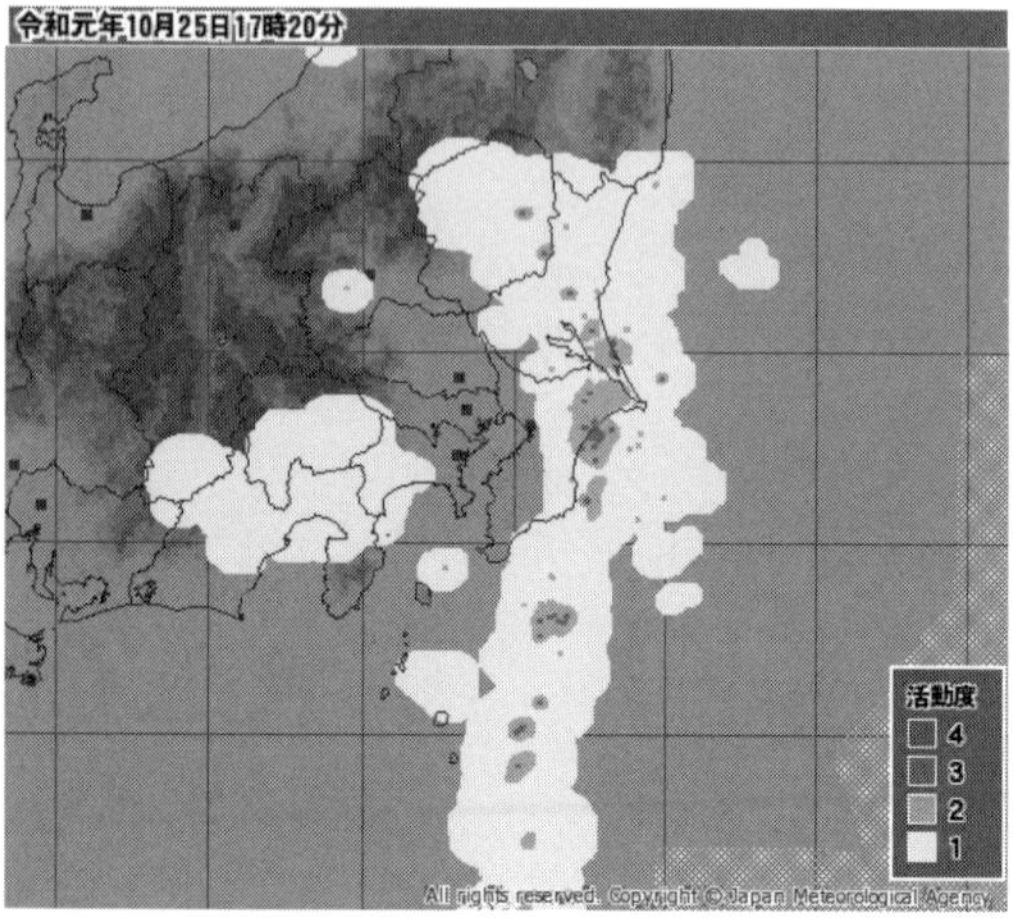


図表 5.6 ｜発雷確率の一例（気象庁資料）

方の地域平均で、発雷の活動度を4階級で表示しています。図表5・6はその一例です。

## ●竜巻発生確度

竜巻は、積乱雲が発達するような、大気が不安定な環境で生まれます。これまでいくたびか人命が奪われ、家屋の損壊が起きています。これらの被害に備えるために気象庁では、「竜巻発生確度」を発表しています。降水確率、発雷確率とともに、気象庁のウェブサイトでも閲覧できます。確度の考え方は、発雷確率と基本的に同じで、図表5・7にその考え方を、また図表5・8に一例を示します。

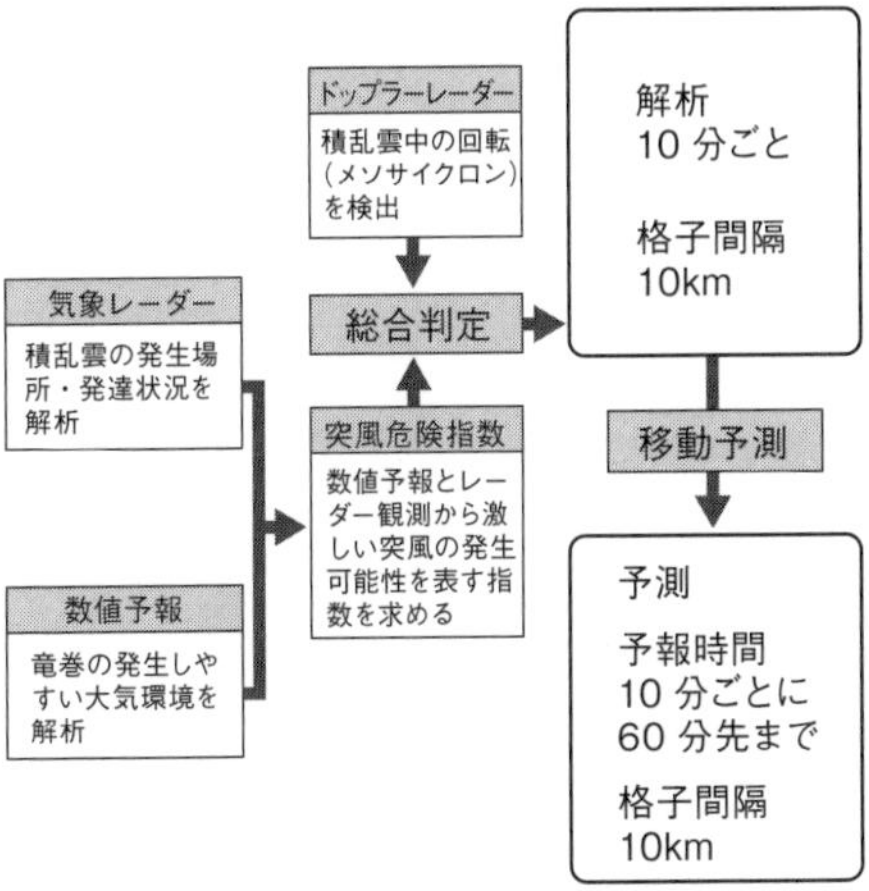


図表5.7｜竜巻発生確度の考え方（気象庁資料をもとに作成）

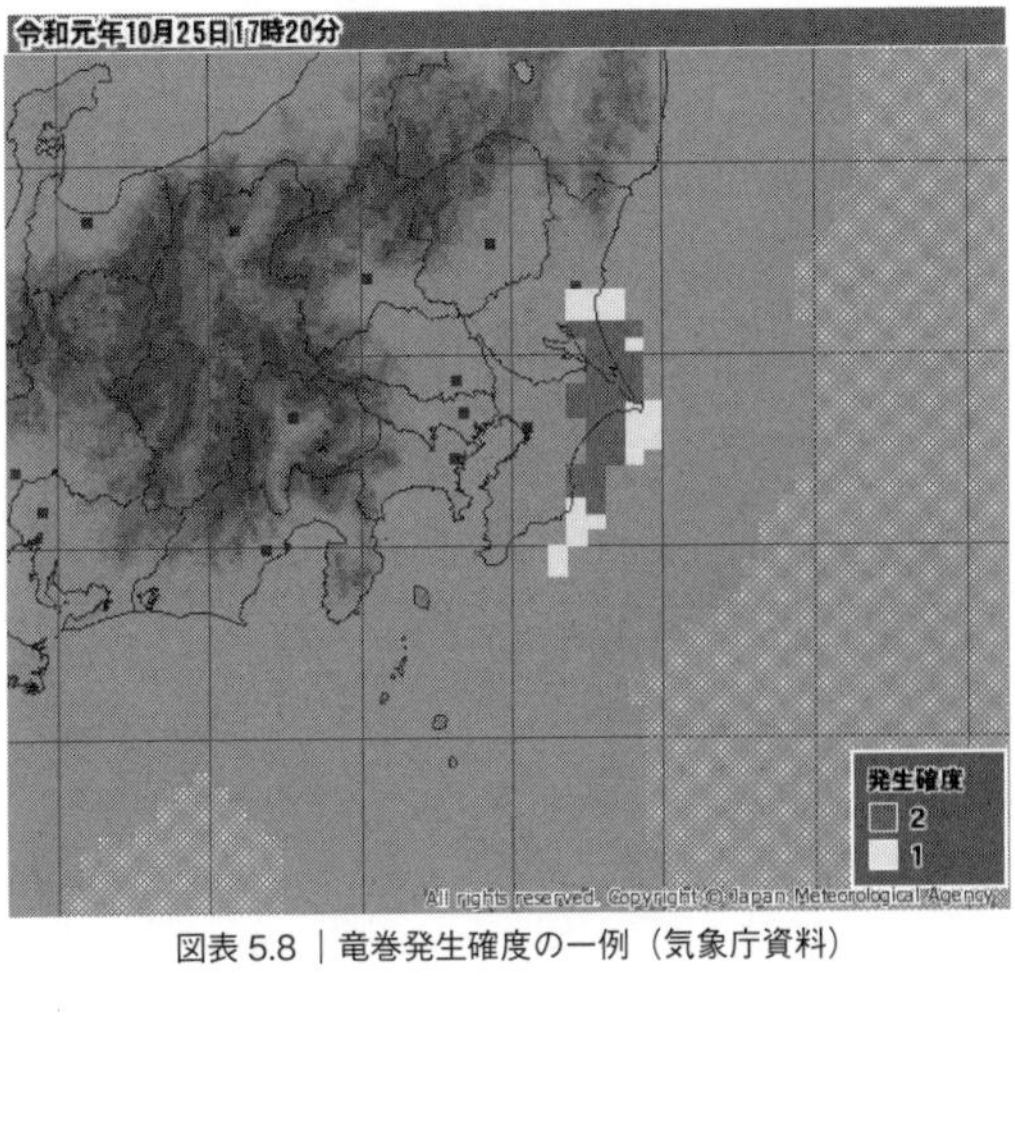


図表5.8｜竜巻発生確度の一例（気象庁資料）

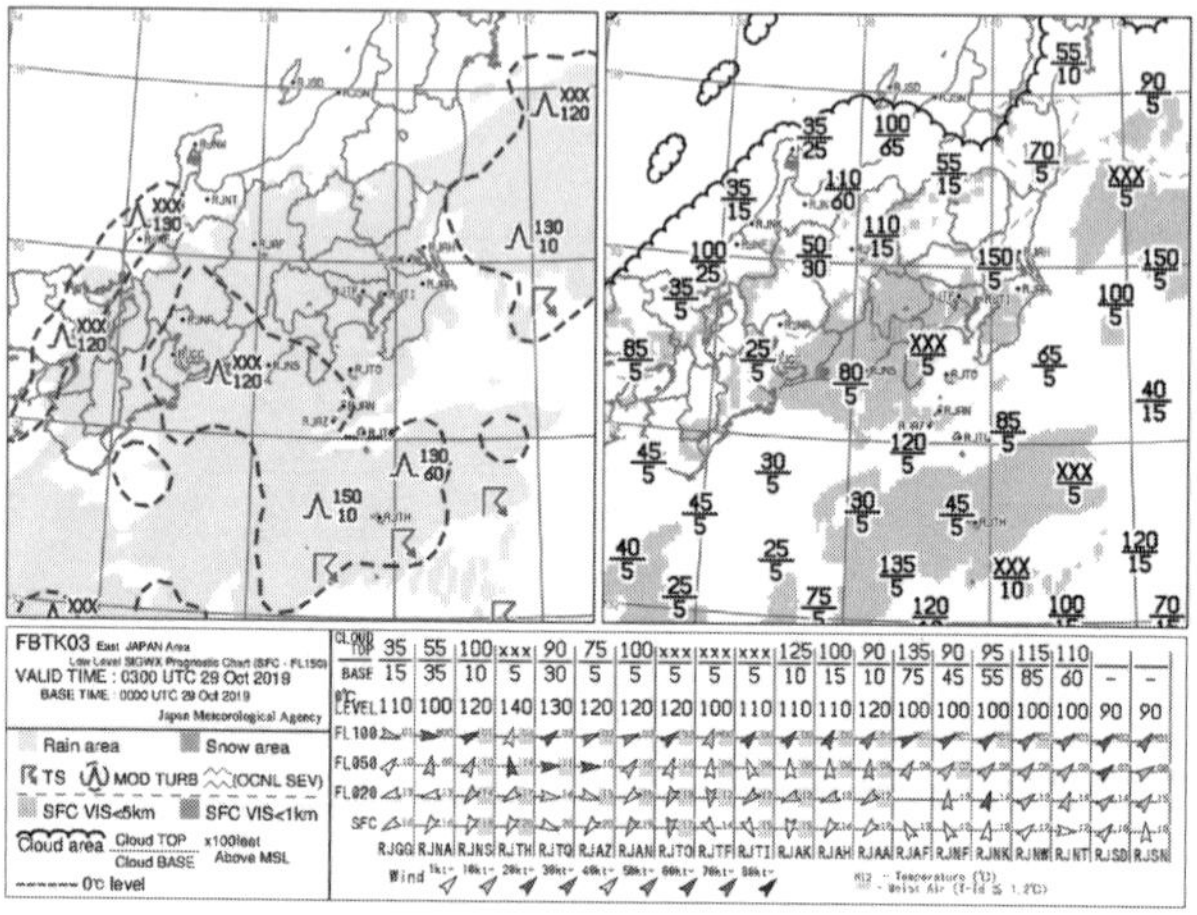


図表 5.9 ｜下層悪天予想図（気象庁資料）

## ●航空気象関連ガイダンス

最後に、航空機の運航を支援するためのガイダンスの一つである「下層悪天予想図」の例を図表５・９に示します。左側の図を見ると、どの辺りに雷やタービュランス（乱気流）が予測されているか、また右側の図を見ると、雲域と雲頂および雲低高度が一目でわかります。なお、これらの図は数値予報モデルのＧＰＶから、乱気流に関係する大気の安定度や風の鉛直シアなど引数にして作成されています。

## 3　気象情報の種類（記録的短時間大雨情報、大雨注意報・警報など）

気象庁は、「気象業務法」に基づき、「津波、高潮、波浪及び洪水についての一般の利用に適合する予報及び警報をしなければならない」「気象、津波、高潮及び洪水についての水防活動の利用に適合する予報及び警報をしなければならない」などの義務を負っており、種々の情報を提供あるいは公開しています。

気象情報は、いわゆる情報と予報に分けられますが、図表5・10はそれらをまとめたもので、それぞれ後述の担当官署が発表しています。ここで注意すべきは、注意報および警報、さらに「特別警報」も予報の一種であることです。図表5・11に大雨や高潮に関する注意報・警報などを掲げました。

なお、特別警報は2006（平成18）年の「広島豪雨」などの教訓を踏まえて生まれました。

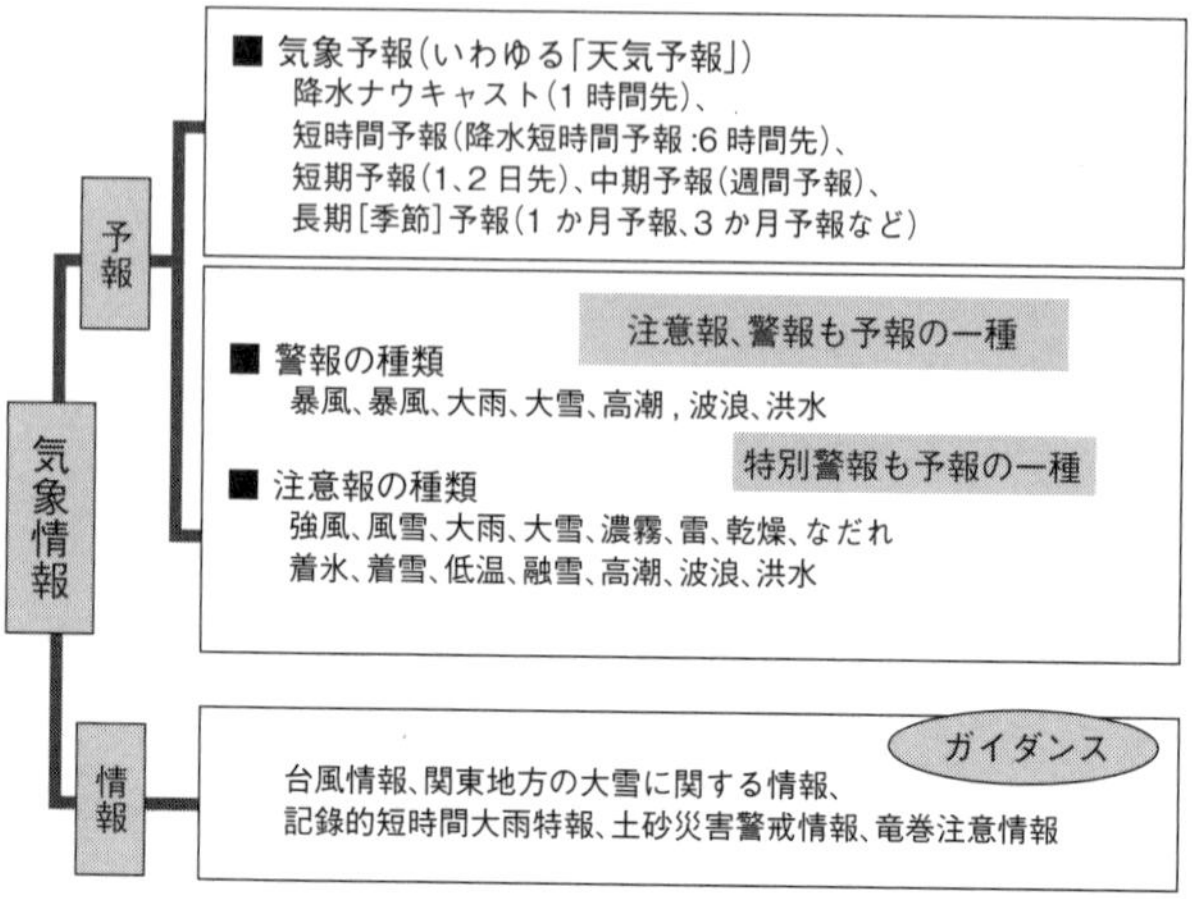


図表 5.10 ｜ 気象情報の総体（気象庁資料をもとに作図）

気象庁のこうした注意報・警報とは別に、「災害対策基本法」による情報があることに注意する必要があります。この法律は自然災害への防災対策として「伊勢湾台風」（1959年9月）の大惨事を教訓に制定されたもので、河川の氾濫や浸水、土砂災害から住民の財産や生命を守るための防災計画の作成のほか、住民に対する「避難勧告」や「避難指示」が盛り込まれています。発表の責務は市町村長にありますが、発表に際しては、気象庁による種々の情報が利用されています。

また最近、住民の避難の必要性などをわかりやすくするために、5段階の「警戒レ

| 情報 | とるべき行動 | 警戒レベル |
|---|---|---|
| 大雨特別警報 | 災害がすでに発生していることを示す警戒レベル5に相当します。何らかの災害がすでに発生している可能性が極めて高い状況となっています。命を守るための最善の行動をとってください。 | 警戒レベル5相当 |
| 土砂災害警戒情報<br>高潮特別警報<br>高潮警報 | 地元の自治体が避難勧告を発令する目安となる情報です。避難が必要とされる警戒レベル4に相当します。災害が想定されている区域等では、自治体からの避難勧告の発令に留意するとともに、避難勧告が発令されていなくても危険度分布等を参考に自ら避難の判断をしてください。 | 警戒レベル4相当 |
| 大雨警報<br>洪水警報<br>高潮注意報<br>（警報に切り替える可能性が高い旨に言及されているもの） | 地元の自治体が避難準備・高齢者等避難開始を発令する目安となる情報です。高齢者等の避難が必要とされる警戒レベル3に相当します。災害が想定されている区域等では、自治体からの避難準備・高齢者等避難開始の発令に留意するとともに、危険度分布等を参考に高齢者等の方は自ら避難の判断をしてください。 | 警戒レベル3相当 |
| 大雨注意報<br>洪水注意報<br>高潮注意報<br>（警報に切り替える可能性に言及されていないもの） | 避難行動の確認が必要とされる警戒レベル2です。ハザードマップ等により、災害が想定されている区域や避難先、避難経路を確認してください。 | 警戒レベル2 |
| 早期注意情報<br>（警報級の可能性）<br>注：大雨に関して、翌日までの期間に[高]又は[中]が予想されている場合 | 災害への心構えを高める必要があることを示す警戒レベル1です。最新の防災気象情報等に留意するなど、災害への心構えを高めてください。 | 警戒レベル1 |

図表 5.11 ｜注意報・警報（気象庁資料をもとに作成）

ベル」が設けられました。

［第６章］

# アンサンブル予報

# 1 運動の初期値敏感性（カオス）

第4章で述べた数値予報は、一組の初期条件（データセット）から出発して計算が行なわれており、したがって予測結果も一組で、断定的（決定論的）な予報といえます。

しかしながら、気象庁の数値予報モデルは、ごく一部の予測モデルを除いて、現行はほとんど「アンサンブル予報」と呼ばれる技術で行なわれています。これは断定的な予測に対して、一種の確率論的な予測です。このアンサンブル技術が用いられている最大の理由は、「大気の運動は初期の状態がわずかに異なるだけで、将来の発展の道筋（予測）がまったく異なる」ということに起因する、予測の誤差を低減することです。

別の言葉で言えば、「大気の運動は初期値に敏感である」という性質を避ける手法です。初期値敏感性は「カオス（chaos）」と呼ばれ、「混沌」と翻訳されています。ちなみに「カオス」はローレンツ（Edward Norton Lorenz, 1917-2008）という気象

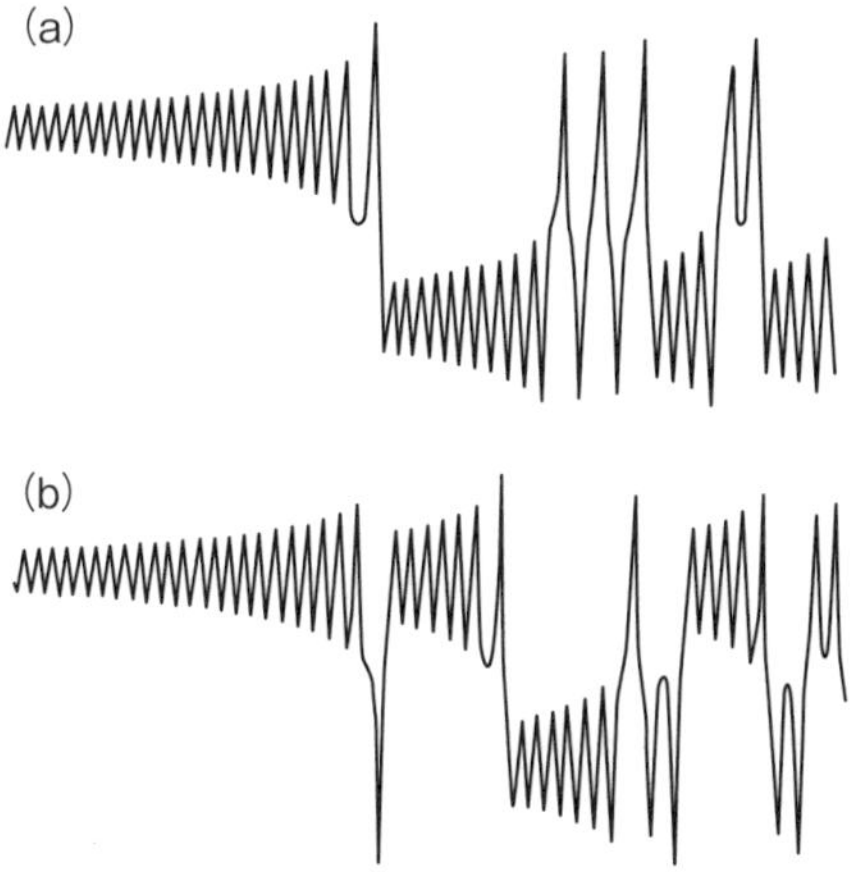


図表 6.1 ｜対流を対象に数値予報モデルでの場の変動の時間変化（Palmer, T.N, Bull. American Meteor Society, 74, 49-65 をもとに作成）

学者が1963年に発見しました。

図表6・1は「カオス」を示す一例です。「対流」を表現する一番簡単な方程式系（数値予報で用いられている方程式系と同じ原理）を用いて、ごくわずかに異なる2つの初期条件（a）、（b）のもとで、既述したような数値予報と同じ手法で時間積分（予測）をしたものです。横軸が時間、縦軸はある変数の振幅です。これを見ると初期からしばらくは両者とも同じような時間変動（予測）をたどっていますが、途中からまったく異なった道筋（対流）へと変化しています。ちなみに、図の（a）、（b）とも一続きのバネのよ

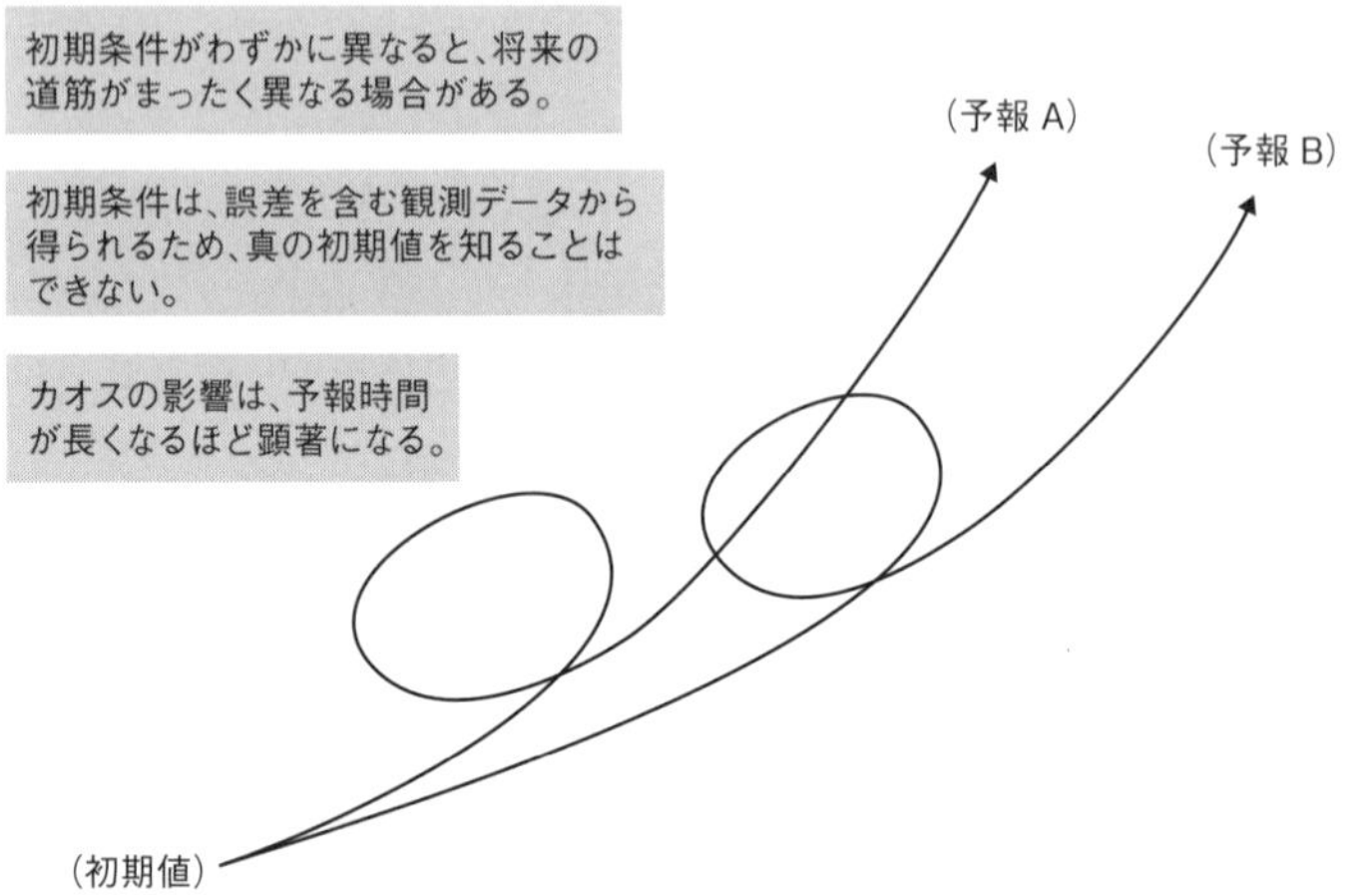


図表6.2 ｜大気の運動の「カオス」のイメージ

うに見えるのは対流の繰り返しを示しており、そのバネの振る舞いが、両者は後半でまったく異なった対流となっているからです。このような変化が、まさに初期値敏感性の現れる例です。

これまでの数値予報技術では、週間予報や1か月予報を行なおうと思っても、このような初期値敏感性のゆえに、予測精度が十分得られませんでした。アンサンブル予報は、このような隘路を克服した予測技術です。図表6・2は大気の運動における「カオス」のイメージと要点をまとめたもので、実線はある予測変数の時間変化の概念図です。

この図のように、大気の初期値敏感性は予報期間が長くなるほど影響が増大します。モデルの初期条件は、前述の「客観解析」のところで述べたように、あくまでも観測データですから、当然誤差を含んでいますが、私たちは真の値を知る術はありません。多少の誤差を含んでいても、予測期間が短い予測の場合は、その影響は無視できますが、週間予報や台風進路予報モデル、さらに1か月予報など予報期間が長い場合は誤差が増大してしまい、予測としては役に立たなくなります。

そこで、現在の予測では、このような誤差の増大を避けるために、「アンサンブル予報」と呼ばれる技術が用いられています。繰り返しになりますが、アンサンブル予報は、初期値敏感性を克服して、より長期の予報を精度よく得るための手法です。現在、気象庁のほとんどの予測モデルでアンサンブル予報の技術が用いられています。

なお、気象庁では現在、今日・明日・明後日のような「短期予報」にもアンサンブル予報を導入すべく技術開発が進められており、将来は、すべての予測がアンサンブル予報となると思われます。

# 2 アンサンブル予報の実際

この節ではアンサンブル予報の具体例を示します。第4章で述べた「客観解析」によって得られる初期値データセットは一組ですから、当然、予測も一組です。アンサンブル予報では、その一組のデータセットの周囲に人為的に、集団的に、かつ系統的にわずかの誤差を与えて、それぞれの初期条件ごとに独立に予測計算を行ないます。

アンサンブル予報は、以下に順次述べるように週間・1か月・3か月・暖寒候期予報のほか、台風の進路予報で行なわれています。

## 週間予報

週間予報の予測例を図表6・3に示します。初期値のメンバー数が27ですから、予測(図)も27通りあります。なお、週間予報の予測は、気象庁内では264時間(11日間)先まで計算が行なわれています。

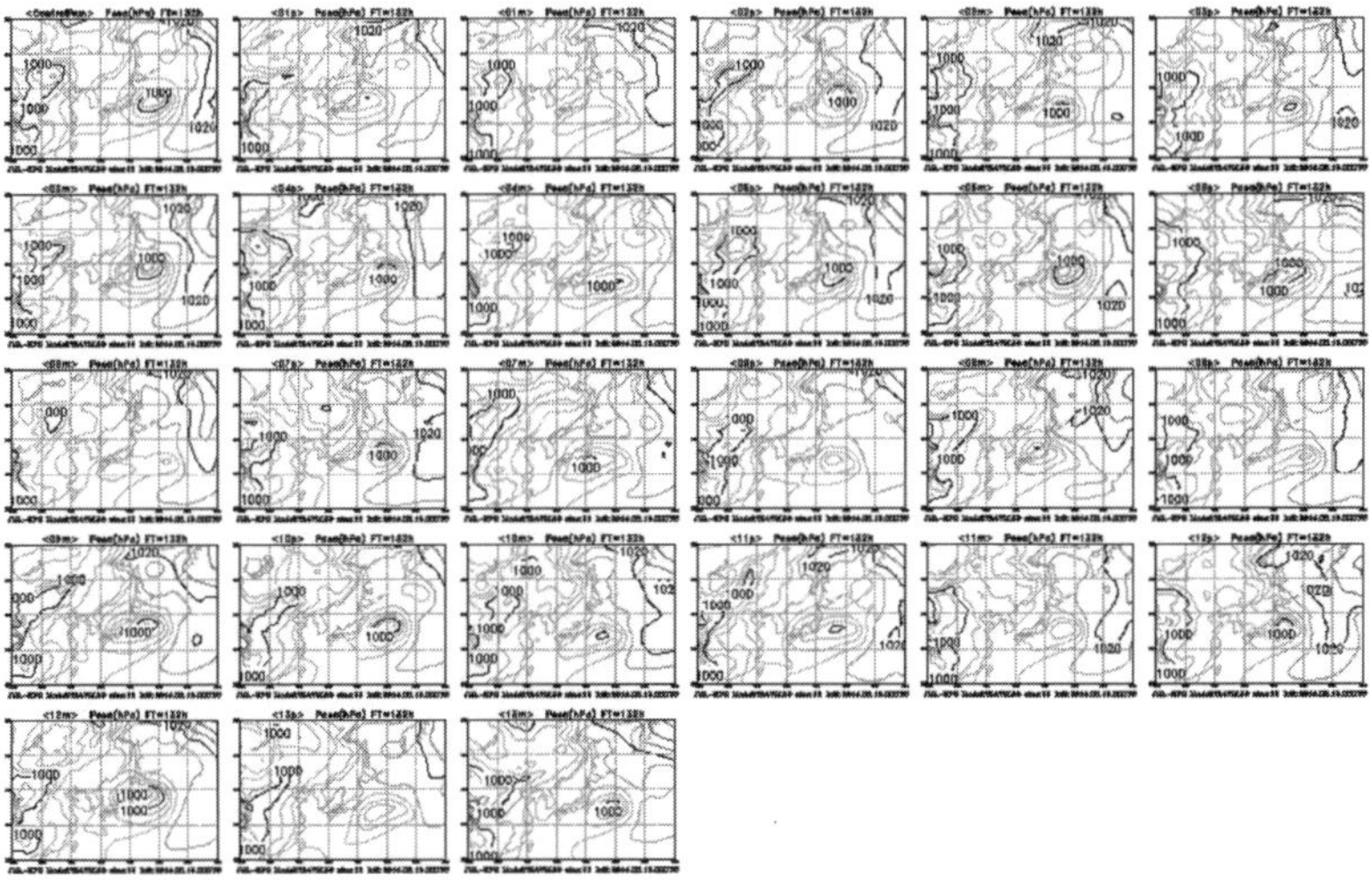

図表6.3｜アンサンブル週間予報の地上予想天気図（27メンバー）（気象庁資料）

各メンバーの等圧線を個々に見ると、たとえば、日本の東に位置する低気圧では、ほとんどのメンバーで同じ気圧パターンと示度が認められますが、かなり異なっているものがあって、バラツキが見られます。

気象庁では、全メンバーを単純平均した予想図が、最も確からしい予測と見なして、「週間予報支援図」を公開しており、（FEFE19）と呼ばれています。図表6・4は地上予想図です。なお、図の中で網掛けが施されている領域は、その予測時刻の前24時間以内に5ミリメートル以上の降水が予測されていることを表しています。

ここで留意すべきことは、仮に週間予報モデルを前述の短期予報のように、ただ一つの初期条件だけで実行したとすれば、この図表6・3の1個が予測となるわけで、当然、初期値敏感性はわかりません。

次に、図表6・5は気象庁のホームページで見られる週間天気予報（気象庁発表）の例で、NHKなどでも報道されています。

「全般天気予報」は、全国規模での1週間の天気の概況を示しています。図中の用語および記号について、天気欄の「/」は「後」を、「|」は「時々または一時」を示しています。

最低気温/最高気温は、翌日の予報までは、朝の最低気温/日中の最高気温を、翌々日以降の予報では1日の最低気温/最高気温を表示しています。

降水確率は、翌日の予報までは、6時間ごとに「00時から06時/06時から12時/12時から18時/18時から24時」の順に表示しています。

信頼度（ABC）は、3日目以降の降水の有無の予報について「予報が適中しやすい」ことと「予報が変わりにくい」ことを表す情報で、予報の確度が高い順にA、B、

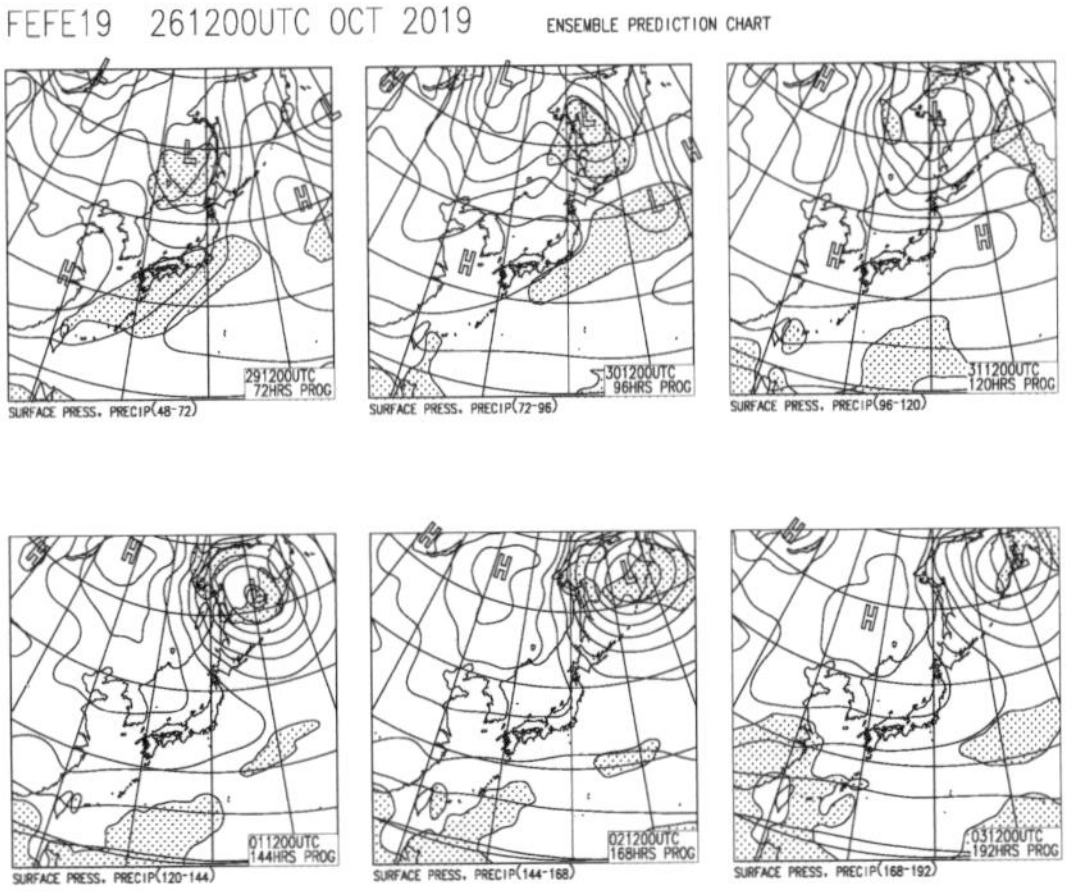

図表6.4 ｜ FEFE19の例（気象庁資料）

Cの3段階で表示されています。

信頼度は、週間予報の精度の目安となるもので、週間予報モデル（アンサンブルメンバー数27）の降水確率から、以下のように求められています。すなわち、ある地域における降水確率（パーセント）が0～30あるいは70以上の場合をA、30～45あるいは55～70の場合をB、45～55の場合をCとしています。したがって、信頼度の解釈は、予測が晴れときどき曇りでAとなっている場合は、ほとんど降水はない（確率30パーセント以下）、逆に予測が雨でAの場合は雨となり（確率70パーセント以上）、Cの場合は晴か雨かが半々となります。

全般週間天気予報

平成31年4月18日10時50分　気象庁予報部発表

予報期間　４月19日から４月25日まで

北日本と東日本は、高気圧に覆われて晴れる日もありますが、気圧の谷や湿った空気の影響で雲が広がりやすく、期間のはじめは雨の降る所があるでしょう。

西日本は、期間の前半は高気圧に覆われて晴れる日が多いですが、期間の後半は気圧の谷や湿った空気の影響で雲が広がりやすく、雨の降る所もあるでしょう。

沖縄・奄美は、期間のはじめは高気圧に覆われて晴れる日もありますが、その後は前線や湿った空気の影響で曇りや雨の日が多いでしょう。

最高気温は、全国的に期間の中頃までは平年並でしょう。期間の終わりは平年より高い見込みです。最低気温は、全国的に期間の前半は平年並か平年より低く平年よりかなり低い所もあるでしょう。後半は平年並か平年より高く平年よりかなり高い所もある見込みです。

なお、府県別の週間天気予報についても発表されており、図表6・6は東京地方の例です。ここで最高・最低気温の欄を見ると、カッコ内に温度の幅が示されていますが、この幅は、27個のアンサンブルメンバーの振れ幅から求められています。

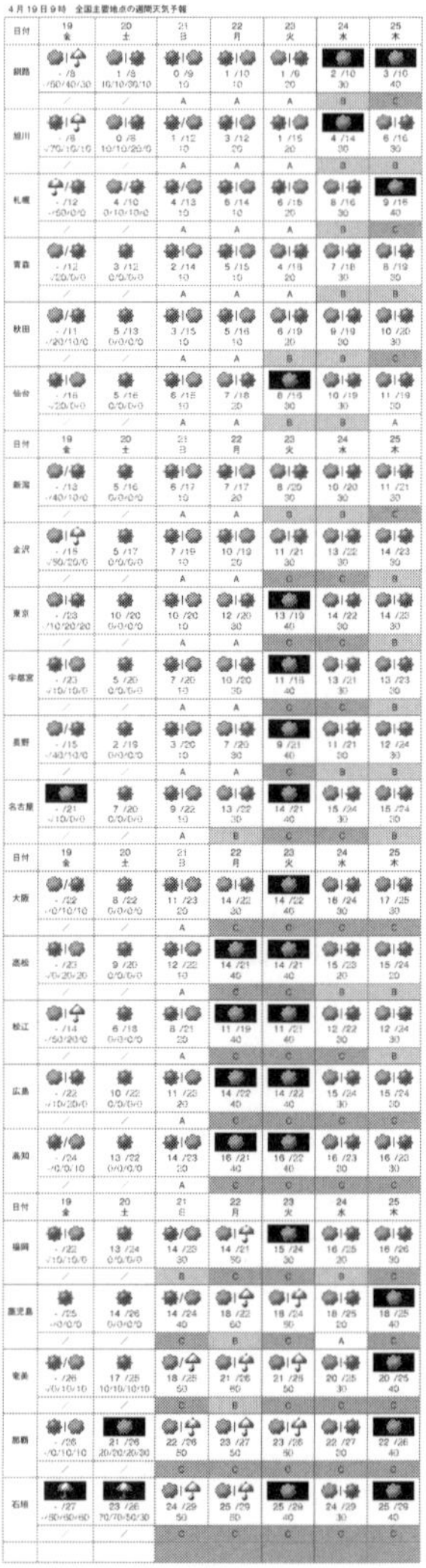


図表6.5｜週間天気予報の例（全国規模の場合）（気象庁資料）

4月19日11時　東京都の週間天気予報

| 日付 | | 20<br>土 | 21<br>日 | 22<br>月 | 23<br>火 | 24<br>水 | 25<br>木 | 26<br>金 |
|---|---|---|---|---|---|---|---|---|
| 東京地方 | | 晴 | 曇時々<br>晴 | 曇時々<br>晴 | 曇 | 曇時々<br>晴 | 曇時々<br>晴 | 曇 |
| 降水確率 (%) | | 0/0/0/0 | 20 | 20 | 40 | 30 | 30 | 30 |
| 信頼度 | | ／ | ／ | A | C | C | B | C |
| 東京 | 最高 (℃) | 20 | 22<br>(19～<br>23) | 21<br>(19～<br>23) | 20<br>(18～<br>23) | 23<br>(20～<br>26) | 23<br>(20～<br>25) | 25<br>(21～<br>28) |
| | 最低 (℃) | 10 | 11<br>(9～12) | 12<br>(11～<br>14) | 13<br>(11～<br>15) | 14<br>(12～<br>16) | 15<br>(14～<br>17) | 16<br>(14～<br>18) |

図表6.6｜東京地方の週間天気予報の例（気象庁資料）

## 1か月・3か月アンサンブル予報

1か月・3か月予報の予測計算のアルゴリズムは、上述の週間予報と同様ですが、予測に対する考え方と表示形態がまったく異なっています。すなわち、予測結果は確率論的に考えられており、予測のバラツキ具合から、確からしい予報が確率値で表されています。

図表6・7は、この考え方を図示したもので、気温予測の場合の初期メンバーの与え方と、その予測経過のバラツキのイメージを示しています。

図中の左側から出発している多数の実線は、各メンバーの予測を表しており、結果が右側の円の中に示されています。また、破線で境され

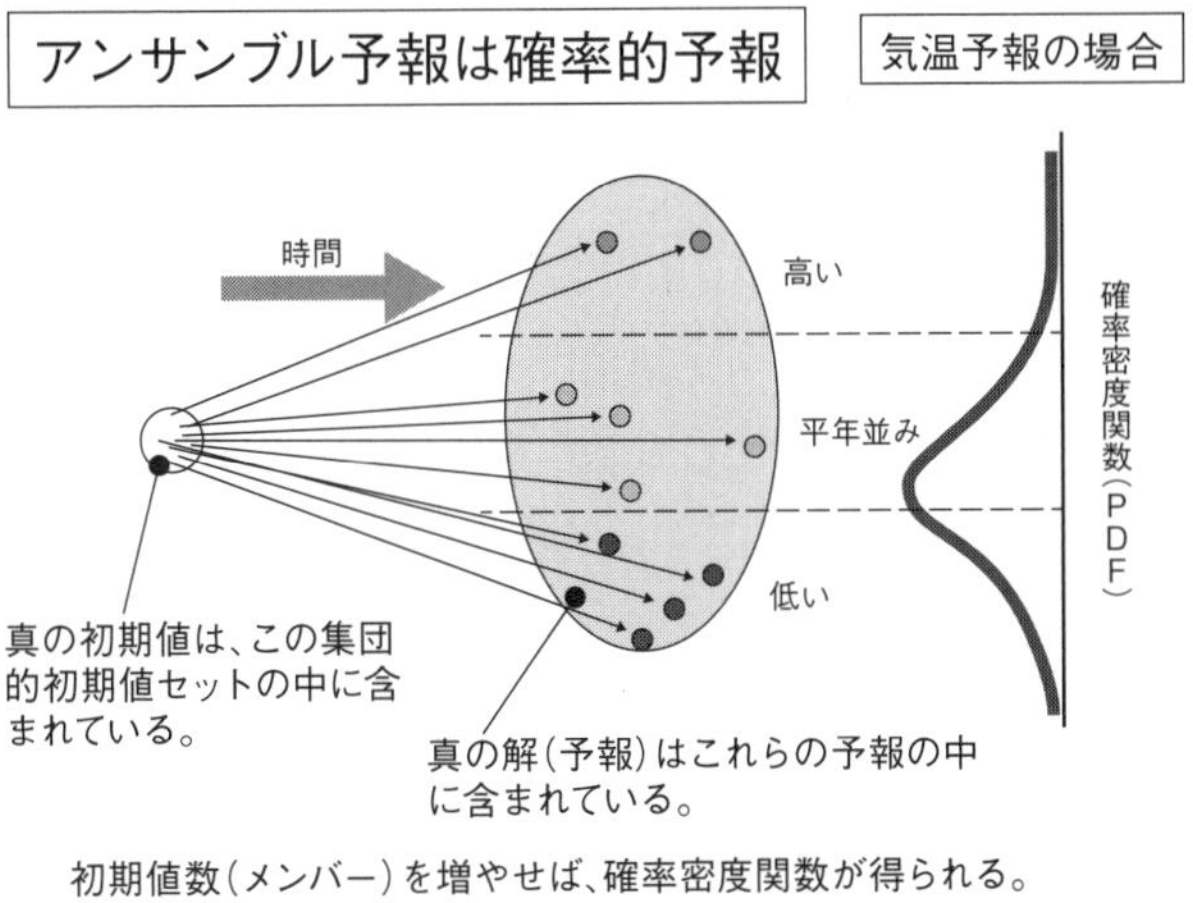


図表 6.7 ｜ 1か月アンサンブル予報の初期データの設定と経過のイメージ（気象庁資料をもとに作成）

ている三つの区分「低い」「平年並み」「高い」は、過去の観測値の平年値から求めたものです。過去30年間の観測データを低い（あるいは少ない）順から並べ、「平年並み」の幅は11～20位まで、1～10位が「低い、または少ない」、21～30位が「高い、または多い」と区分されます。もちろん、平年値は1～30位の平均です。

予報に偏りがなければ「低い」「平年並み」「高い」に入る確率（パーセント）は、それぞれ「33」「33」「33」となり、どの階級も確率は同じです。しかし、たとえば、ある月の予測が「10」「20」「70」であれば、「平年並み」以上の確率が90パーセント（20＋

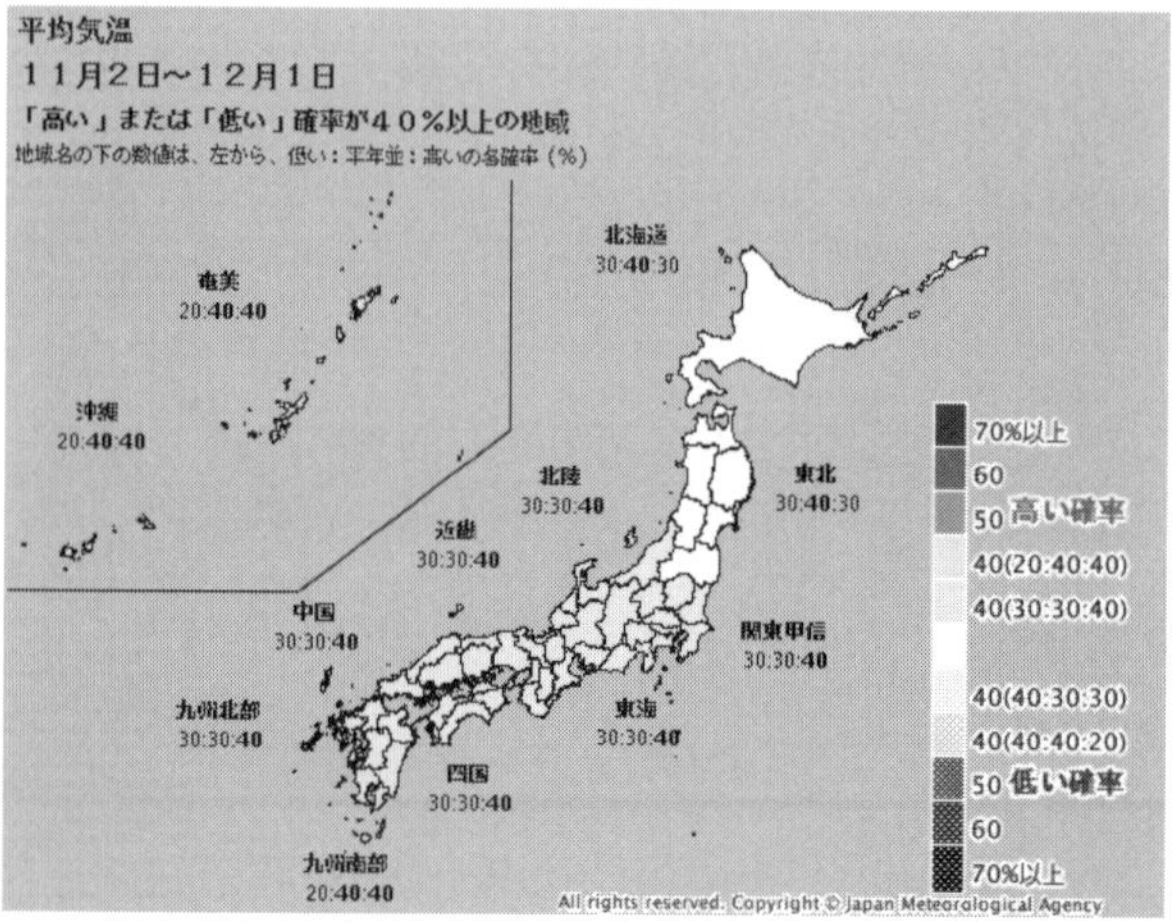


図表6.8｜1か月アンサンブル予報例（気象庁資料）

70）となり、「50」「30」「20」であれば、「平年並み」以下の確率が80パーセントです。

気温の1か月予報の一例を図表6・8に示します。この例では、全国的に高温で、「平年並み」以上の確率が軒並み90パーセントとなっています。

## 台風進路予報

アンサンブル予報の姿がよく見える情報として、台風進路予報が挙げられます。図表6・9は台風予報進路の5日先までの予報の一例です。当初は11メンバーでしたが、現在は「全球アンサンブル予報システム」を用いて、27メンバーで行なわれています。

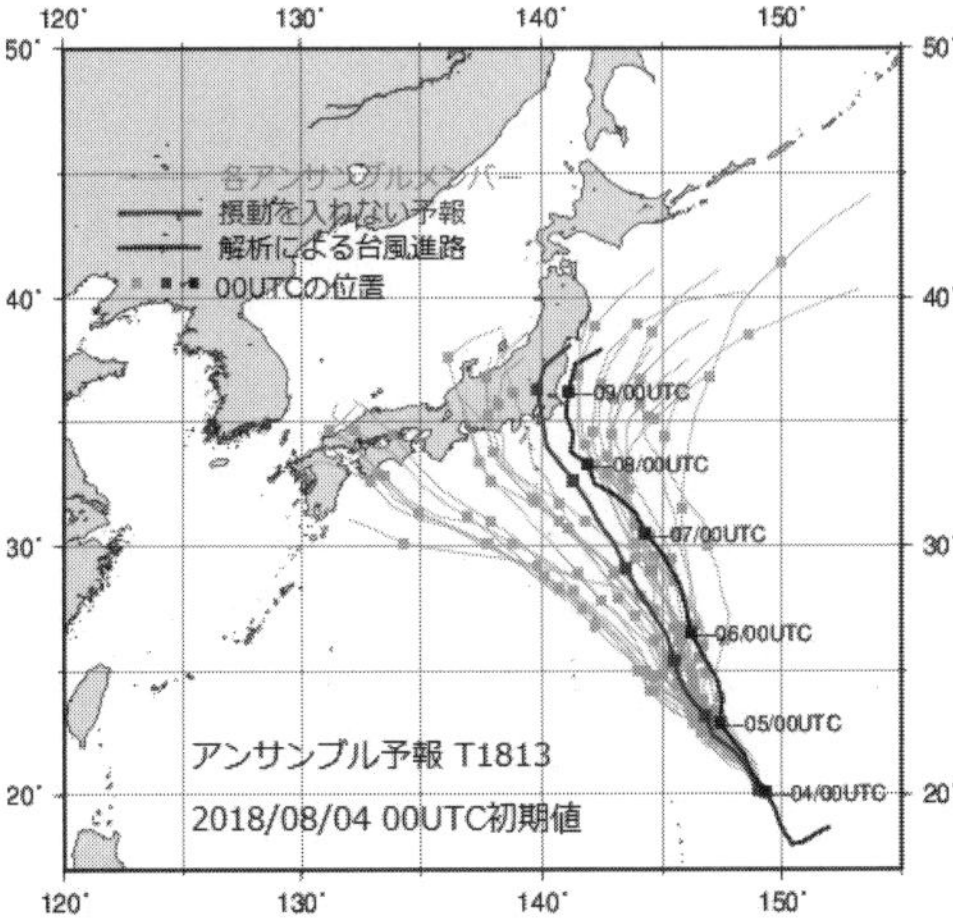


図表 6.9 ｜台風進路のアンサンブル予報の例（気象庁資料）

　また、図表6・10は台風進路予報の表示例です。ここで、予報円の大きさについて触れます。

　台風の進路予報では、図表6・10に示すように、予報円、暴風域、暴風警戒域、強風域が表示されています。予報円は、各予測時刻において、台風の中心がその円内に入る（位置する）確率を表すものです。予報円は台風の中心がおよそ70パーセントの確率で円内に入ることを意味しています。したがって、予報円が小さいほど、予測精度が高いことになります。注意すべきことは、中心が予報円内に入る確率が70パーセントですから、この円の外側を進む可能性

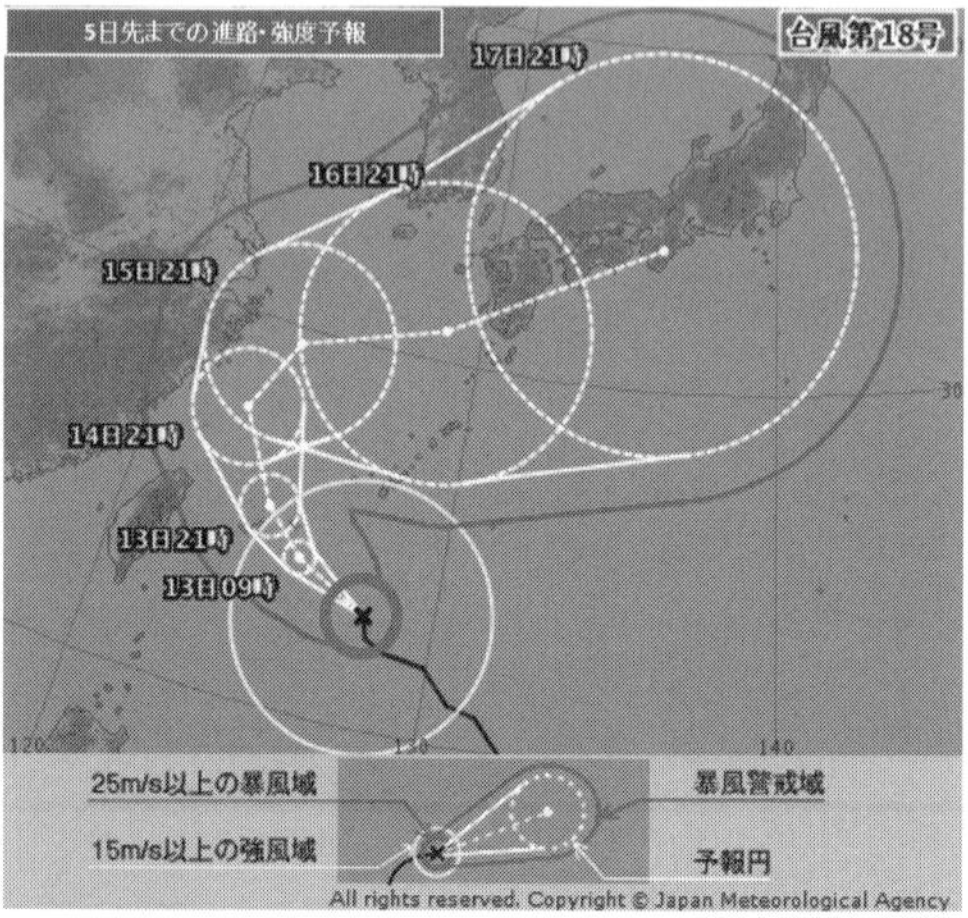


図表6.10｜台風進路予報の表示例（気象庁資料）

が30パーセントあることです。なお、最近の技術開発の結果、図表6・11に示すように、円の半径が以前より20パーセント小さくなり、進路予測の精度が向上しています。

最後に、予報円の作成手法が２０１９年6月から大幅に変わり、また改善されました。結論からいえば、以前は気象庁だけのアンサンブル予報のデータで行なっていましたが、現在は、世界の予報センターが行なっているアンサンブル予報のすべてのデータを用いて、行なわれています。複数の機関のアンサンブル予報を利用することから「マルチアンサンブルモデル」と呼ばれています。

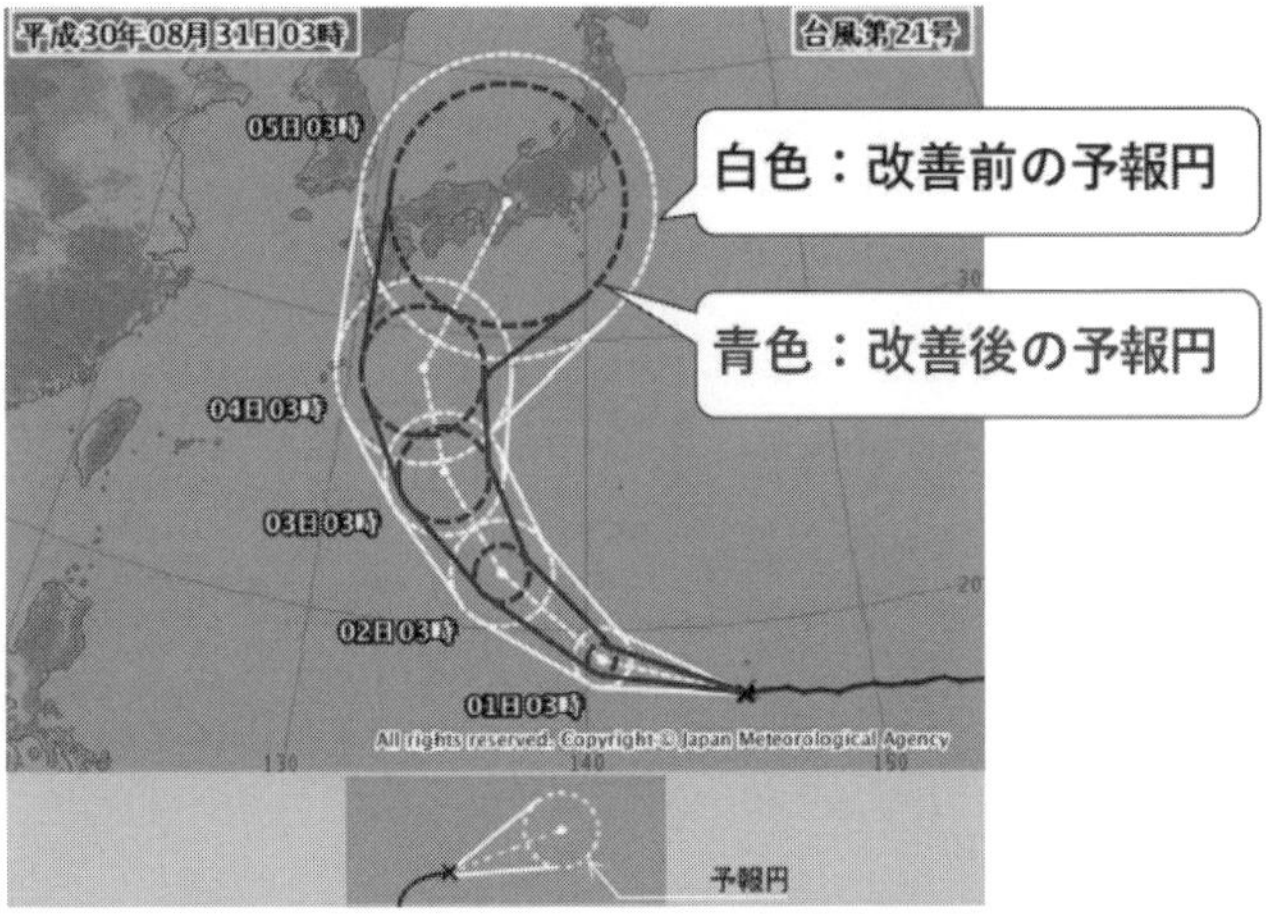


図表 6.11 ｜台風進路予報の予報円の改善（気象庁資料）

具体的には、気象庁のほかに、ヨーロッパ中期予報センター（ＥＣＭＷＦ）、アメリカ環境予測センター（ＮＣＥＰ）、イギリス気象局（ＵＫＭＯ）を加えた、すべてのアンサンブルメンバー（合計約１２０）のバラツキ具合から、予報円の大きさを計算しています。なお、予報円の大きさは、あらかじめ過去データのバラツキの大きさから、予測時間に応じてその半径を区分しておき、実際のバラツキが、どの区分に該当するかで決定されます。

[ 第 7 章 ]

# 地球温暖化の予測

# 1 地球温暖化問題への世界的取り組み

・設立：世界気象機関（WMO）および国連環境計画（UNEP）により1988年に設立された国連の組織
・任務：各国の政府から推薦された科学者の参加のもと、地球温暖化に関する科学的・技術的・社会経済的な評価を行ない、得られた知見を政策決定者をはじめ広く一般に利用してもらうこと
・構成：最高決議機関である総会、3つの作業部会およびインベントリー・タスクフォースから構成

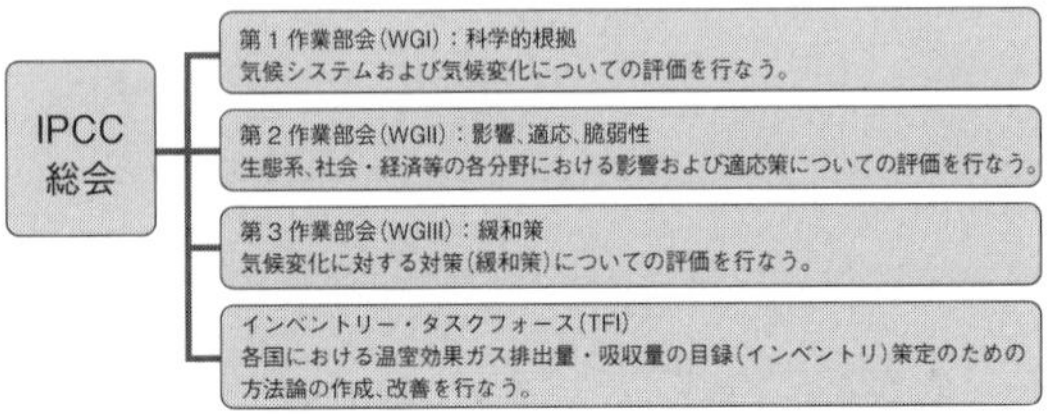


図表7.1 ｜気候変動に関する政府間パネル（IPCC）の作業部会

近年、地球の温暖化が気候のみならず、生物の環境にも大きな影響を与えることにより、国際的な見地から種々の取り組みが行なわれています。温暖化問題を正面から取り上げることは本書の目的ではないので、予測技術との接点で手短かに触れます。

なお、地球温暖化の研究や予測は、気象庁本庁ではなく付属機関の気象研究所のほか、環境省国立環境研究所などで行なわれており、また、世界のさまざまな研究機関で実施されています。

地球温暖化問題は1998年から世界気象機関

（WMO）と国連環境計画（UNEP）が共同して行なわれており、気候変動に関する政府間パネル（IPCC）で取り組まれています。図表7・1はIPCCの作業部会の概要です。このうち第1作業部会が、気候システムおよび気候変化についての科学的根拠について取り組んでいます。日本からは気象研究所や環境研究所の研究者が実質的な参画をしており、重要な役割を果たしています。

## 2　温暖化モデルと気象予測モデルとの相違

温暖化の予測モデルの計算アルゴリズムの基本は、すでに述べた数値予報モデルと同様ですが、以下の3つが異なっています。

一つめは、アンサンブル予報ではなく、単一の初期条件から計算が出発している点です。二つめは、これが一番大きな特徴ですが、気象庁のすべての現業的な数値予報

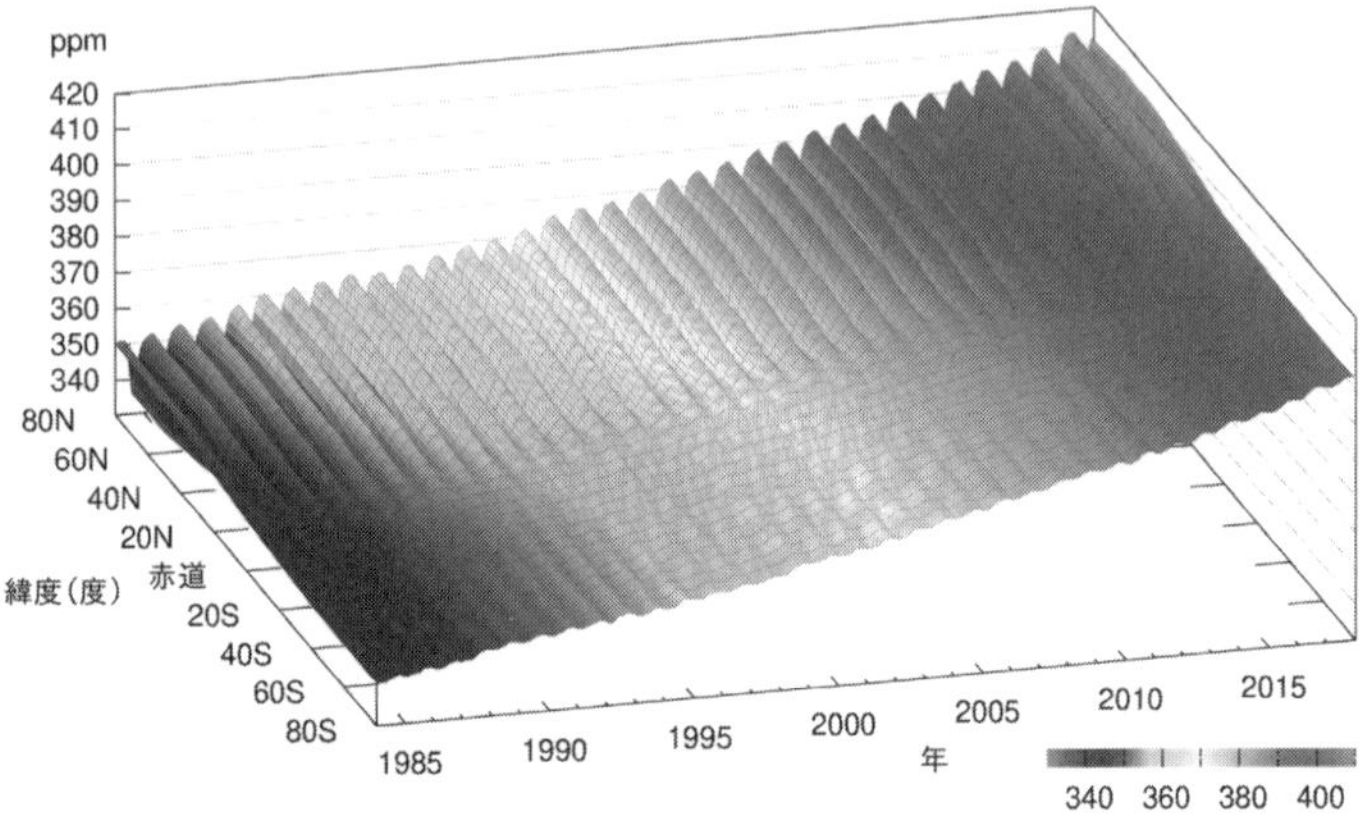


図表 7.2 ｜ $CO_2$ 濃度の経年変化（気象庁資料）

モデル（週間天気予報や1か月予報など）では、$CO_2$ の濃度は固定されて計算が進められているのに対し、温暖化予測モデルでは、この濃度が人為的に外的に与えられている点です。

$CO_2$ の濃度は、これまで図表7・2に示すように、南北両半球で上昇を続けていることから、温暖化問題の最大の関心事は、化石燃料の消費による $CO_2$ 濃度の上昇が将来の気候にどのような影響を与えるかに置かれているため、将来の濃度の変化を外的に与えて予測を行なっています。

三つめは予測の時間が数十年などと著しく長いことです。しかし、計算の時間ステップは30分などで予測計算を行なっています。したがって、ある日の、たとえば50日先の低気圧の位置や強度などの予測は計算として見る（出力する）ことは可能ですが、予測としての実用的な精度は持っていません。温暖化予測モデルでは年単位の平均値などに意味があります。モデルの中で生起する日々の高・低気圧などの役割のイメージは、ヤカンの水を温めるときの水泡みたいなもので、個々の水泡の強さや個数は問いませんが、水泡の積分値が水の温度上昇に寄与しています。しかしながら、予測モデルの中では、一つ一つの水泡が物理的な原則を満たしつつ、発生や消滅をしており、大気全体の循環に本質的に重要な役割を果たしています。

## 3 温暖化予測モデルの結果

図表7・3は予測モデルによる2081～2100年に到る全球平均の地上気温の上昇を示すグラフで、枠内に要点が記されています。図の中にいくつかのカーブ

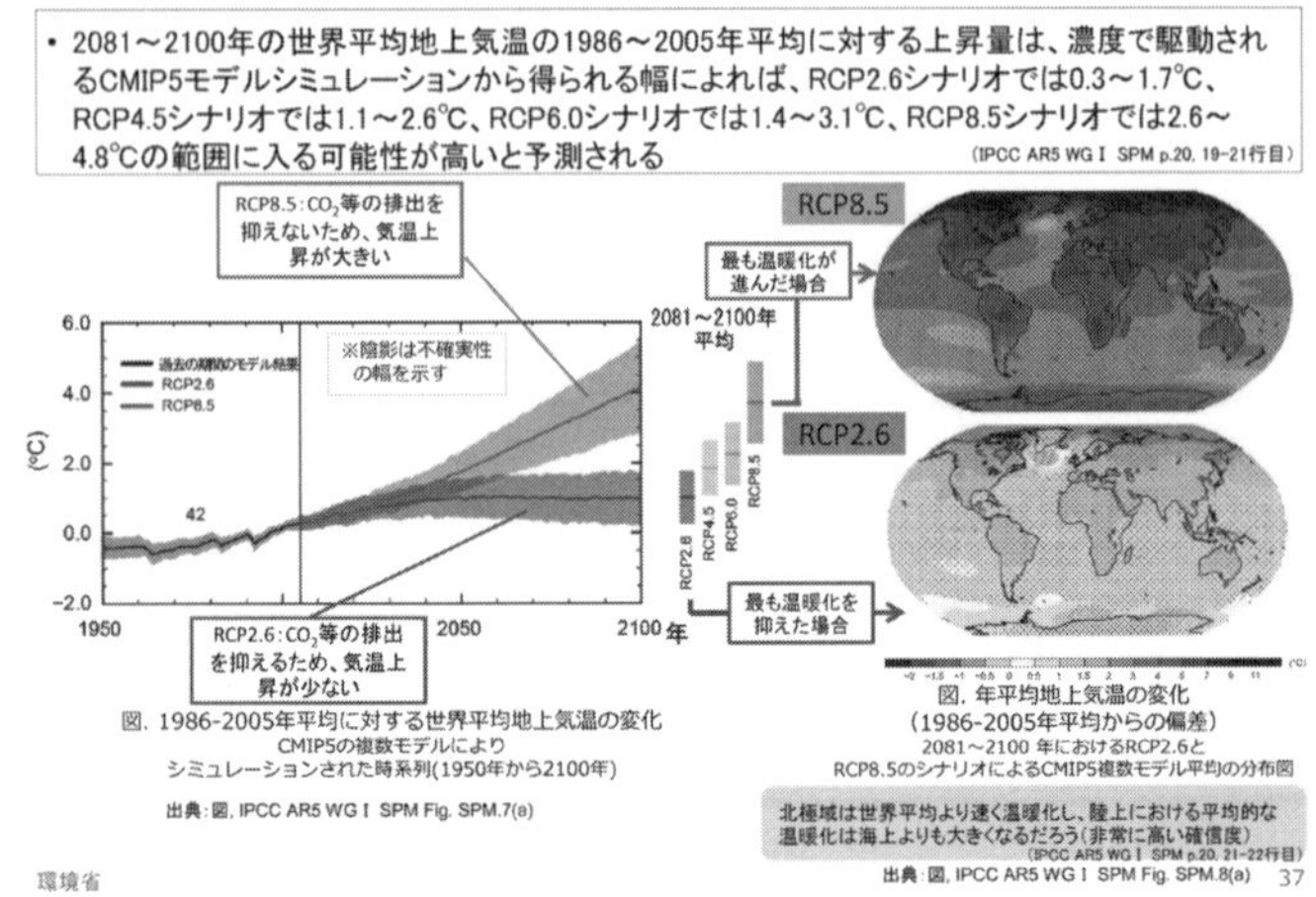


図表 7.3 ｜ 2081 ～ 2100 年にかけての地上気温の上昇量のグラフ
(http://www.env.go.jp/earth/ipcc/5th/pdf/ar5_wg1_overview_presentation.pdf)

が見られますが、この期間における$CO_2$の排出シナリオの相違によるもので、陰影はモデルの不確実性の幅を示しています。また、右側は上昇量を地球規模で面として表したものです。注目すべきことは、両極地方で温暖化が進むことで、その理由は温暖化で地表が暖まると雪氷面積が減少するため、地表からの太陽光に対する反射が減少し、同時に裸地で吸収が起きるからです。

[ 第 8 章 ]

# 波浪・津波の予測

# 1 波浪予報の特徴

波浪の有無や向き、高さは、航海や漁業のほか、沿岸海域における釣りや海洋スポーツ、観光、さらに沿岸部に立地する建物などに種々の影響を及ぼします。このため気象庁には波浪予報の義務も課せられており、テレビでは天気予報の一部として、日本の沿岸海域での波浪の高さ、向きなどが発表されています。あまり知られていませんが、文章や映像による情報以外に、漁業者や航海関係者に向けた波浪図も定時的に発表されています。波浪の予報は、予測技術の観点から見ると、これまで述べた技術と少し異なっています。

一番の相違は、波浪は風によって起こされ、発達することから、波が風によって発達する物理的な「波浪モデル」に、数値予報モデルによる地表の風を外的に与えて、波浪を予測していることです。

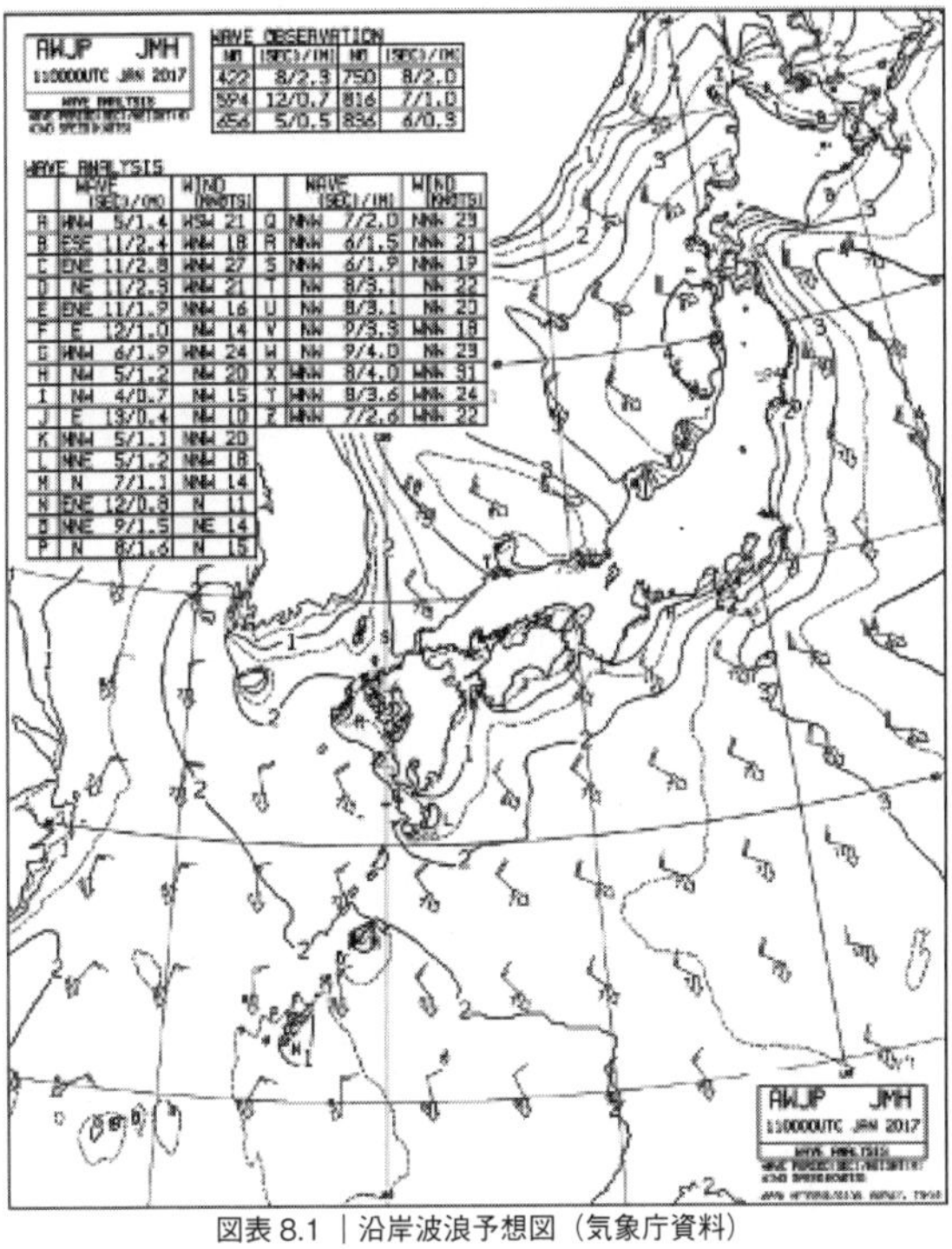


図表 8.1 ｜沿岸波浪予想図（気象庁資料）

## 2 波浪予報モデルと情報

図表8・1は、漁業者や船舶向けに提供されている「沿岸波浪予想」の例を示しています。

図中の矢印は波向（矢羽根の方向が波がやって来る方向）、数字は波の高さを示しています。また、図中の表は、A、B、

Cなどの沿岸の地点における波向、波の高さ、周期を表しています。

## 3 津波予測の原理、気象予測との違い

気象庁は気象予測を行ない注意報・警報を発する義務を負っていますが、津波についても同様の責務があります。津波について触れることは、本書の主旨からは逸れますが、気象も津波も現象が生起する舞台は、「流体」という共通点を持っています。したがって、両者を支配する法則や原理は「流体力学」であり、津波の予測はこれまで述べた数値予報の技術と同様であることから、ここでは気象予測と対比しながら、簡便に触れたいと思います。

津波は、海底地形の急激な隆起あるいは沈降によって生じた、海水の急激な上昇あるいは下降が周囲に広がる現象です。また、広がりの様子は一般に「伝播」と呼ばれ、

その本質が「波動」であって、気象で見られる空気の実質的な移動（風）がないことが特徴です。ただし、沿岸に接近し、あるいは陸域に侵入する場合は流れも生じます。なお、津波のイメージは第1章の図表1・21に掲げたので参照してください。

通常の海の波は、海水の表層部分が上昇・下降を周期的に繰り返す「表面波」と呼ばれます。波の振る舞いを波の進行方向に直角な鉛直断面で見ると、個々の海水粒子は円に近い運動をしており、周期は数秒から10秒程度で、波長は最大でも10メートル程度です。事実、どんな大波の場合でも、20～30メートルも潜れば、ほとんど波を感じません。

一方、津波の最大の特徴は、表面から海底までの海水が全層にわたって変動することであり、しかも周期的変動です。また、以下に述べるように津波における海水粒子の水平速度は、驚いたことに毎秒数センチメートル程度であり、鉛直速度はほとんど無視できます。

「津波」は「水理学」用語で言えば、「長波」あるいは「浅水波」と呼ばれます。浅水波の理論は、波高Hと波長Lの比H／L、および水深hと波長の比h／Lがいずれも小さいものとして導かれます。このとき、圧力は単に水深に比例し（「静水圧」と呼ばれる）、また水平流速（u、v）は鉛直方向には一様で、鉛直速度 w は無視できます。なお、気象では上昇気流 w が存在し、その効果を運動方程式系の中に取り込むことは重要で、雲の成長などには必須です。

ちなみに「表面波（海面の波）」と「浅水波（津波）」との相違はプールでも体験が可能です。水面を手のヒラで上下に動かすと起きるのが前者ですが、体を大きく揺すって注意深く見ると、水面がゆっくりと波を打っており、反対側からの反射も見られます。これが浅水波であり、波が通るたびに体が揺られます。

## 4 気象予測と津波予測の計算の相違

地震が起きると、気象庁では1、2分もしないうち震源地や震度を発表し、津波がある場合には各地点の到達予想時刻や高さが報じられます。こんなことが可能である

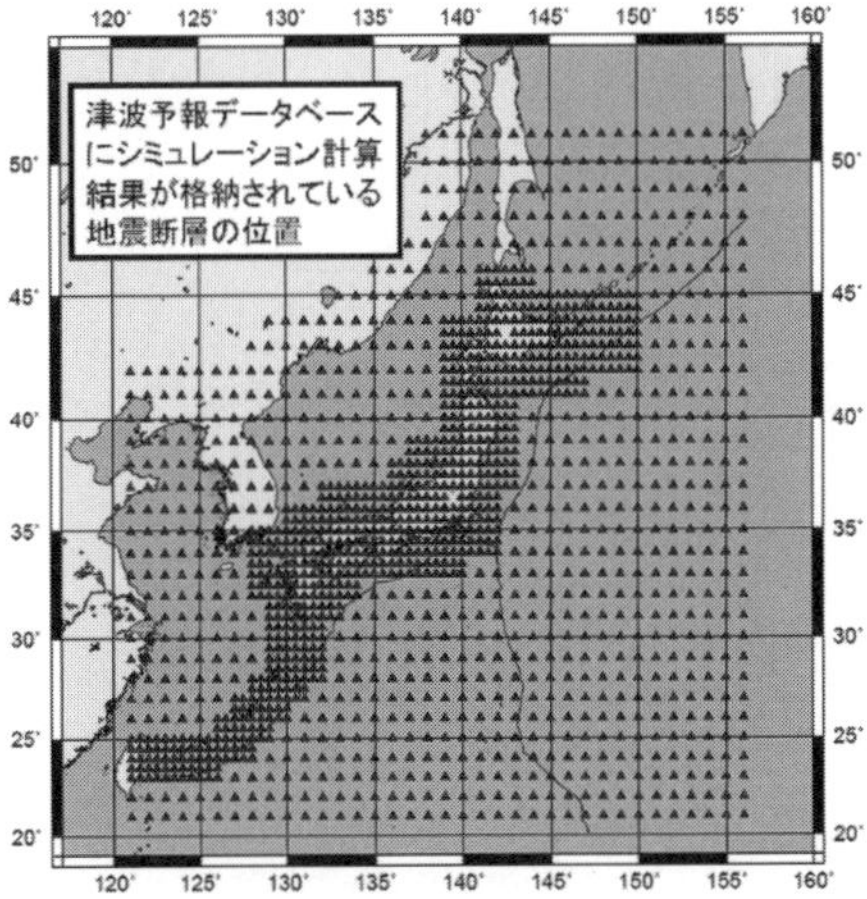


図表 8.2 ｜地震断層の位置（気象庁資料）

のは次のような理由があるからです。

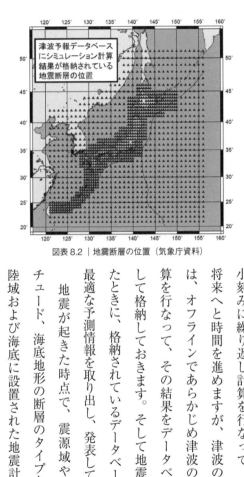

気象予測では、毎回初期条件を与えて、小刻みに繰り返し計算を行なって、将来へ将来へと時間を進めますが、津波の場合には、オフラインであらかじめ津波の予測計算を行なって、その結果をデータベースとして格納しておきます。そして地震があったときに、格納されているデータベースから最適な予測情報を取り出し、発表しています。

地震が起きた時点で、震源域やマグニチュード、海底地形の断層のタイプなどは、陸域および海底に設置された地震計で観測が可能できます。しかしながら、津波に最も寄与する海水の初期の盛り上がりあるい

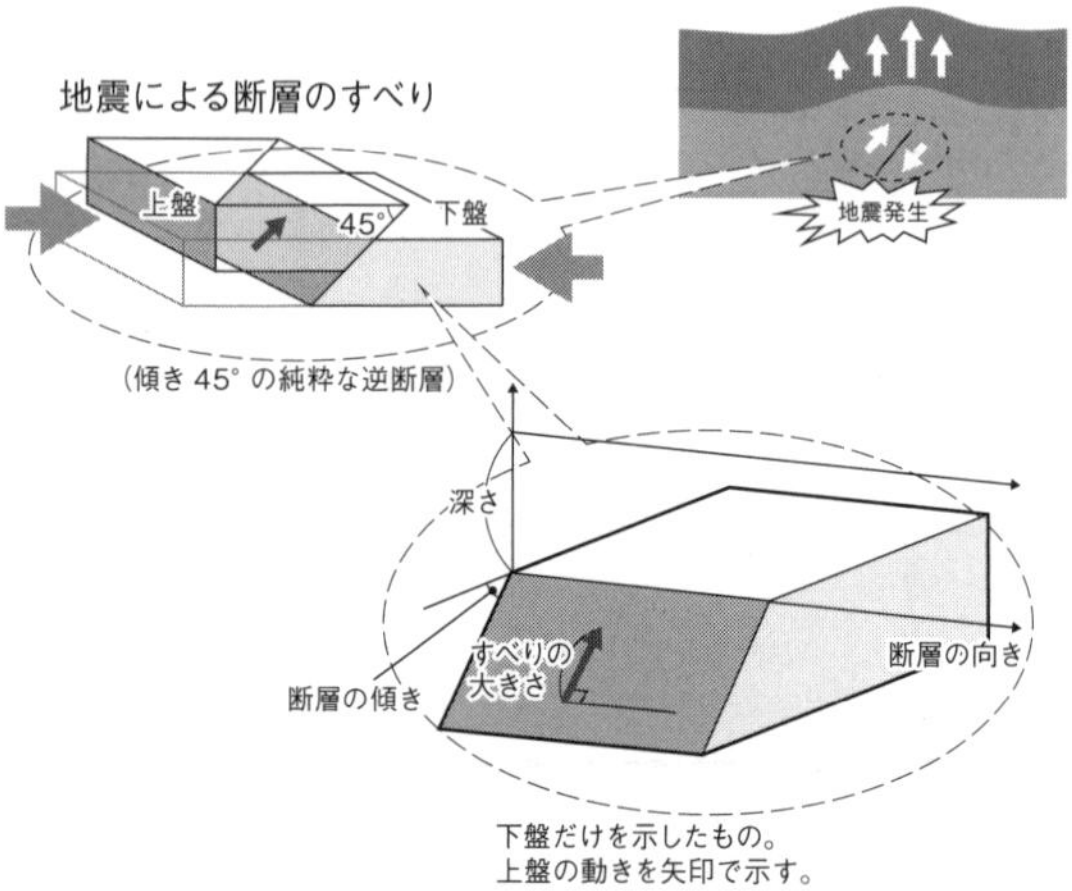


図表8.3｜地震による断層のすべり（気象庁資料をもとに作成）

は沈み込みの規模や高さの観測は不可能です。したがって、あらかじめ断層のタイプや海水の盛り上がりなどのシナリオを多数想定して、事前に計算を行なっておくわけです。

具体的には、図表8・2に示すように、断層の位置は水平的な広がりでは約1500か所、震源の深さは0〜100キロメートルの間で、それぞれ6通りの断層、またマグニチュードは4通りのシナリオを考え、これらの一つ一つについて海底の地殻変動、したがって海水の初期の隆起、沈降を求めて計算を行なっています。

図表8・3は地震による断層のすべりと海水の盛り上がりの概念図です。

## 5 津波のシミュレーション

図表8・4は十勝沖地震による津波シミュレーションの例を示します。初期から1分後、10分後、30分後を示しています。十勝沖から津波が周囲にリング状に伝播し、十勝地方の沿岸に到達している様子がわかります。

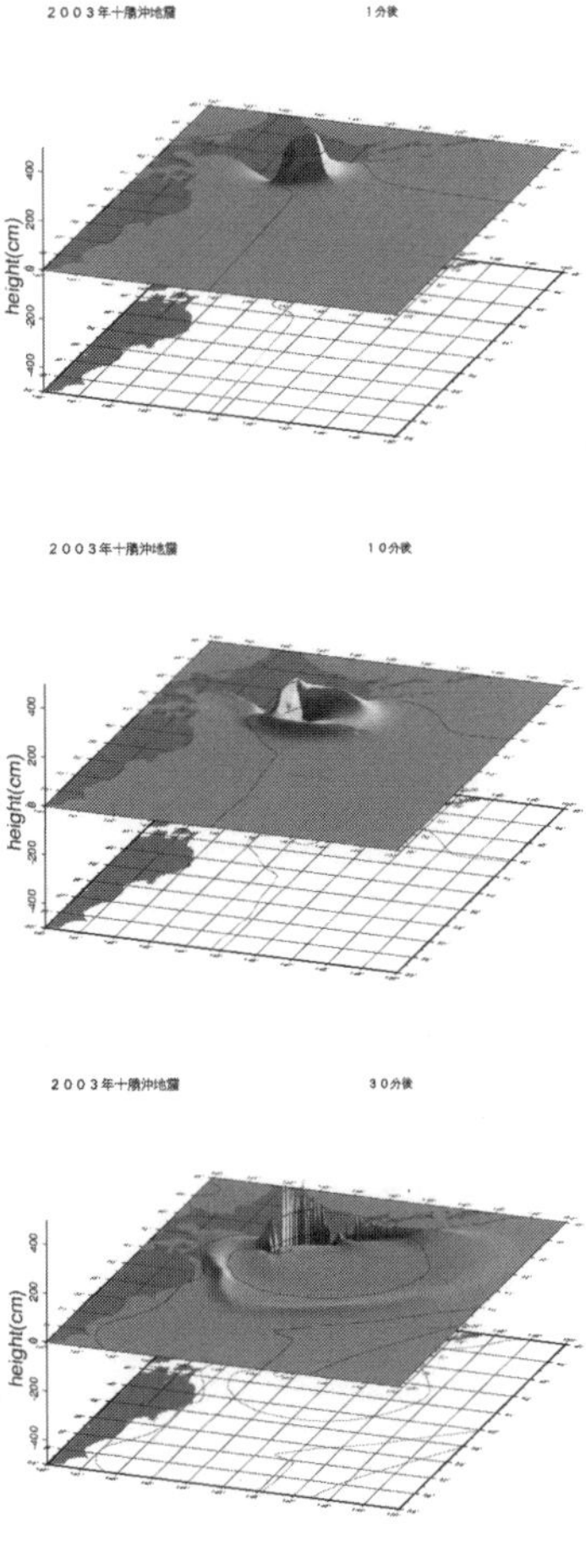


図表8.4｜十勝沖地震による津波シミュレーション（気象庁資料）

## 6 津波情報、注意報、警報

津波警報・注意報の種類

| 種類 | 発表基準 | 発表される津波の高さ：数値での発表（津波の高さ予想の区分） | 発表される津波の高さ：巨大地震の場合の発表 | 想定される被害と取るべき行動 |
|---|---|---|---|---|
| 大津波警報 | 予想される津波の高さが高いところで3mを超える場合。 | 10m超（10メートル＜予想高さ） | 巨大 | 木造家屋が全壊・流失し、人は津波による流れに巻き込まれます。沿岸部や川沿いにいる人は、ただちに高台や避難ビルなど安全な場所へ避難してください。 |
| | | 10m（5m＜予想高さ≦10m） | | |
| | | 5m（3m＜予想高さ≦5m） | | |
| 津波警報 | 予想される津波の高さが高いところで1mを超え、3m以下の場合。 | 3m（1m＜予想高さ≦3m） | 高い | 標高の低いところでは津波が襲い、浸水被害が発生します。人は津波による流れに巻き込まれます。沿岸部や川沿いにいる人は、ただちに高台や避難ビルなど安全な場所へ避難してください。 |
| 津波注意報 | 予想される津波の高さが高いところで0.2m以上、1m以下の場合であって、津波による災害のおそれがある場合。 | 1m（0.2m≦予想高さ≦1m） | （表記しない） | 海の中では人は速い流れに巻き込まれ、また、養殖いかだが流失し小型船舶が転覆します。海の中にいる人はただちに海から上がって、海岸から離れてください。 |

図表 8.5 ｜津波に関する情報（気象庁資料）

津波に関する情報の一覧を図表8・5に掲げます。

なお、大津波警報は「特別警報」に位置づけられています。

[ 第 9 章 ]

# 天気予報の法制度

# 1 気象庁の概史

2019年現在、気象庁は東京都千代田区の大手町に位置し、全国で5000人以上の職員と年間予算約600億円で運営されています。遠く明治初頭の設立以来、サービスのすべてを科学技術に基盤をおく技術官庁へと発展を遂げてきました。ここではその歴史を簡単に振り返ります。

気象庁の前身は、旧赤坂区溜池葵町三番地（現在の港区虎ノ門2丁目、ホテルオークラ東京付近）に設置された東京気象台です。その歴史は1875（明治8）年に遡り、まもなく創立150年周年を迎えます。当初、わずか5人で、しかもお雇い外国人の指導のもとに発足した東京気象台は、よりよい観測環境を目指して、早くも7年後には皇居の旧本丸の一角（代官町）に移転しました。図表9・1は東京気象台のスケッチです。風の観測塔は、現在も皇居北側のお濠にある北桔橋《きたはね》を渡ると正面に見える大石垣で囲まれた天守台の中央に設置されていました。筆者は気象庁を案内する際、こ

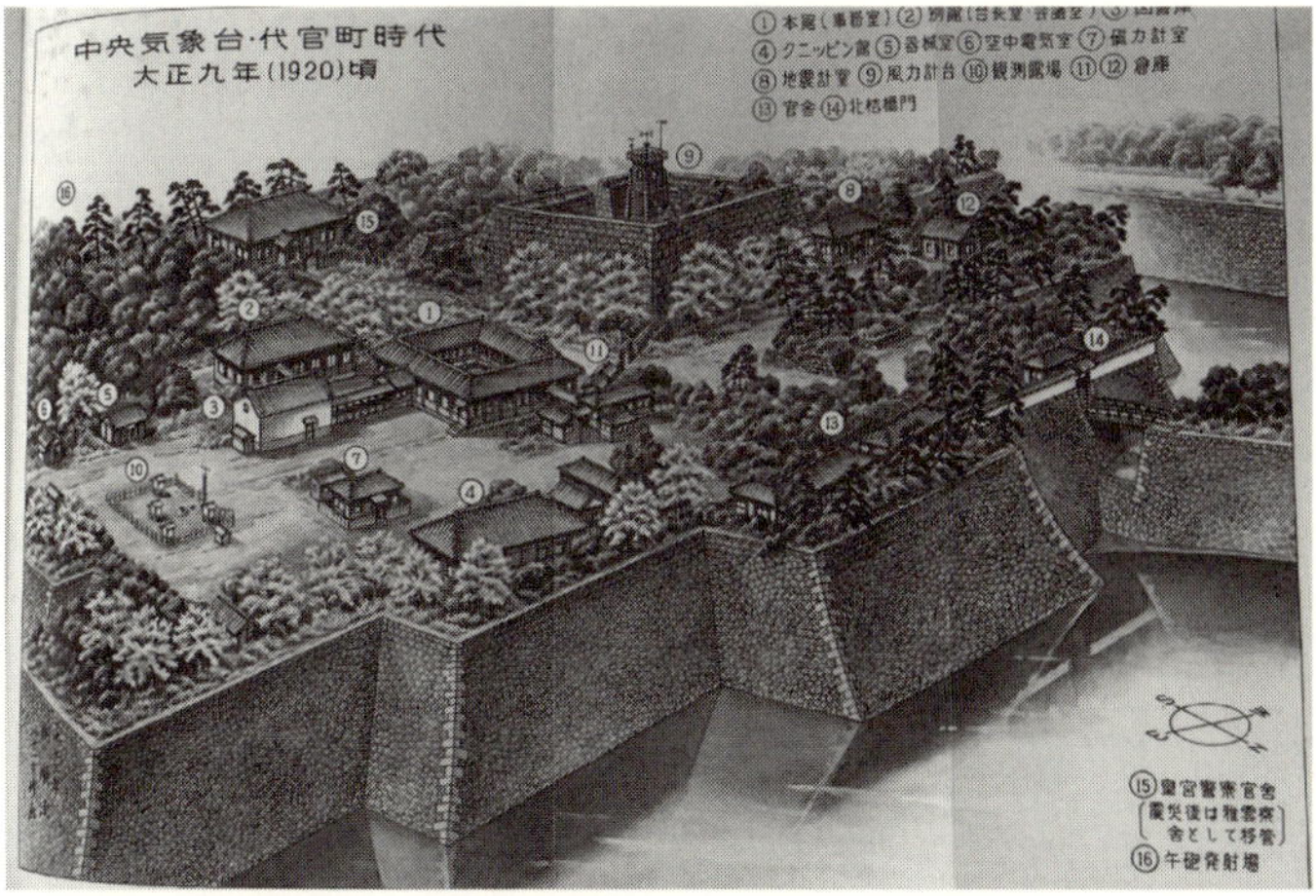


図表9.1｜東京気象台のスケッチ（気象庁『気象百年史』）

の天守台に立つことがありますが、今でも往時が偲ばれます。この地に移転して以来、日露戦争（1904～1905年）を挟んで約40年間にわたって、この一角で業務を継続しました。その地名から「代官町時代」と呼ばれます。東京気象台は当初の所属は内務省地理局でしたが、1895（明治28）年に文部省管轄の中央気象台となりました。

その後、1923（大正12）年に旧麴町区の元衛町（現在の気象庁の道路向かいにあった竹平町）に移転しました。図表9・2の中央付近にある二つの無線用鉄塔が見える敷地です。しかし、まもなく起き

図表 9.2｜代官町から移転した中央気象台（気象庁『気象百年史』）

た関東大震災（1923年）で、新築された建物はほとんどが焼失したため再建を余儀なくされました。太平洋戦争が始まる1941（昭和16）年前後には、気象予報などを軍と共同して行なうために、構内に防弾建築の建屋や木造の作業室が造られました。戦時中の1943（昭和18）年、中央気象台は文部省から運輸通信省に移管され、一時期は運輸省の所管となりました。

昭和39年、3度目の移転で、現在の大手町に新築された8階建の気象庁ビルに移りました（図表9・3）。中央気象台から気象庁に昇格したのは戦後の1956（昭和31）年で、このとき、海上保安庁と同格

図表9.3｜気象庁ビル（大手町、気象庁提供）

である運輸省の外局となりました。その後、平成13年1月の森喜朗内閣による中央省庁の再編で「国土交通省」の外局となりました。

そして、2019年現在、奇しくも東京気象台誕生の地に近い、虎ノ門付近に里帰り移転するべく、新しいビルの建築中で、2020年には完成の予定です。

# 2 気象庁の組織（国家行政組織法、国土交通省設置法など）

国の組織は「国家行政組織法」によって定められており、気象庁は海上保安庁、観光庁、運輸安全委員会とともに国土交通省の外局となっています。また、気象庁本庁、付属機関、管区気象台、地方気象台などは「国土交通省設置法」に、さらにそれらの内部組織については「気象庁組織規則」で規定されています。図表9・4に気象庁の組織を掲げます。図にあるように、気象庁は気象研究所（茨城県つくば市）、気象衛星センター（東京都清瀬市）、気象大学校（千葉県柏市）などを持っています。

なお、気象や津波の予報関係は、気象庁本庁の「予報部」と「地球環境・海洋部」が、また地震津波関係は「地震火山部」が担当しています。

私事で恐縮ですが、筆者は中央気象台が気象庁に昇格して3年後の1959（昭和34）年、当時の気象庁研修所高等部（現気象大学校）に入学しました。卒業後は大阪、潮岬で観測に従事し、東京オリンピックが開催された1964（昭和39）年から約

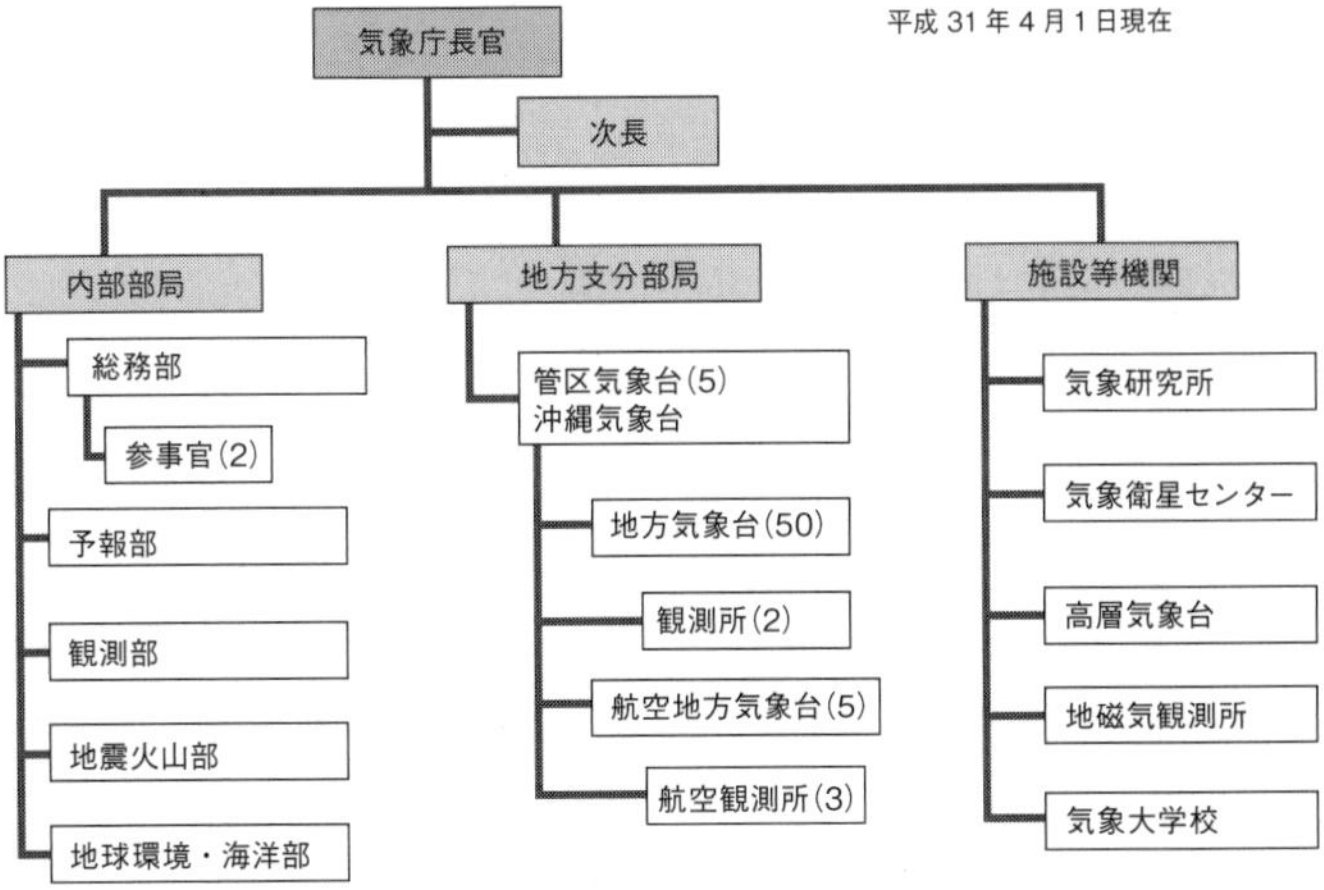


図表9.4｜気象庁の組織（気象庁資料をもとに作成）

20年間気象研究所に勤務した後、1999（平成11）年に辞職するまで行政部門で過ごしました。

# 3 気象庁のサービス（気象業務法など）

日々の天気予報を始めとした気象庁の行政的なサービスは、すべて「気象業務法」で規定されています。ちなみに、この業務法は太平洋戦争が終結し、日本が国際舞台に復帰して、国連の専門機関である「世界気象機関（WMO）に加盟するのを機に、1952（昭和27）年に制定されました。図表9・5に気象業務法に関する法体系を示しました。

気象業務法を最上位の規定として、施行規則や規程などの細目があります。気象業務法は全体で7章（235ページ参照）、50条で構成されており、罰金についても定められています。

気象業務法で定めていることをいくつか挙げてみます。

① 目的：災害の予防、交通安全の確保、産業の興隆などの公共の福祉の増進に寄

気象業務法：気象業務の目的、任務、用語の定義、観測の方法、予報および警報、気象予報士の設置、民間気象業務支援センターの設置、検定、罰則など

気象業務法施行令：気象測器の備付けを要する船舶、一般の利用に適合する予報及び警報、航空機及び船舶の利用に適合する予報及び警報、水防活動の利用に適合する予報及び警報、警報事項の通知など

気象業務法施行規則（運輸省令・国土交通省令）：気象測器の備付けを要する船舶、一般の利用に適合する予報及び警報、航空機及び船舶の利用に適合する予報及び警報、水防活動の利用に適合する予報及び警報、警報事項の通知など

気象庁予報警報規程（運輸省告示・国土交通省告示）：気象庁の行なう予報及び警報の細目。予報区及び担当気象官署、天気予報の回数、週間天気予報の種類及び担当気象官署並びに回数、季節予報の種類及び担当気象官署並びに回数など

気象官署観測業務規程（気象庁告示）：気象庁の行なう観測業務の細目を規程
気象官署予報業務規則（気象庁告示）：気象庁の行なう予報業務の細目を規程

図表 9.5｜気象業務法に関する法体系

与すること。気象業務に関する国際協力を行うこと。

② 任務：気象や地震、火山に関する観測網を維持し、気象、地震、火山、津波、高潮などの予報と、予報および警報の組織の確立と維持をすること。

③ 観測：観測方法、技術上の基準、使用する気象測器に関する規定。また、観測の成果が公衆の利便を増進すると思われる場合は、報道機関の協力を求めて、直ちに発表し、周知に努めなければならないこと。

④ 予報および警報：気象、地象、津波、高潮、波浪、洪水についての予報お

よび警報を、一般向けにしなければならないこと。また、航空機および船舶を対象に、さらに水防活動に対しても同様の義務があること。このほか鉄道事業、電気事業向けにも予報および警報ができること。

また、気象警報の通知を受けた市町村長は、直ちに公衆への周知に努めなければならないこと。ちなみに、この規定を受けて、防災行政無線などで警報が放送されている。このほか、特にＮＨＫには、気象警報を直ちに放送しなければならないと規定。テレビやラジオの放送中に、「大雨警報」などが臨時に流されるのは、この法律によっている。

⑤ 予報業務の許可：気象庁以外の者が、気象、高潮、波浪などの予報業務を行なおうとする場合は、気象庁長官の許可を受けなければならないこと。

⑥ 気象予報士制度：予報業務の許可を受けた事業所は気象予報士を置かなければならないこと。また、気象予報士になるためには、気象予報士試験に合格しなければならないこと。

⑦ 罰則など：気象庁以外の者が気象警報などを行なうことは禁じられており、違

反すると50万円以下の罰金に処すること。また、気象庁の許可を受けないで、予報業務を行なった場合なども同様。

昭和二十七年法律第百六十五号

気象業務法

目次

第六章　雑則（第三十五条―第四十三条の五）

第七章　罰則（第四十四条―第五十条）

附則

「気象業務法施行令」は、業務法を実施するための細目で、内閣により制定されています。天気予報や週間天気予報などの予報、大雨などに関する警報の種類と内容が掲げられています。

「気象業務法施行規則（運輸省令・国土交通省令）」は、気象業務法施行令を受けて、観測、予報および警報、気象予報士などの細目を規定しています。なお、民間における気象サービスを支援するための組織として、「民間気象業務支援センター」についても触れられています。また、同センターは気象庁の指定を受けて、「気象予報士試験」も行なっています。次ページに、施行規則の章立てを、また予報区と予報などの内容を238ページに掲げました。

昭和二十七年運輸省令第百一号

気象業務法施行規則

気象業務法施行規則を次のように定める。

目次

（予報区等）

第八条　令第四条、令第五条及び令第六条の国土交通省令で定める予報区及び空域は、次の表の上欄に掲げるとおりとし、これらを対象として行う予報及び警報は、同表の下欄に掲げるとおりとする。

| | |
|---|---|
| 全国予報区（本邦全域（沿岸の海域を含む。）を範囲とするものをいう。） | 週間天気予報及び季節予報 |
| 地方予報区（二以上の府県を含む区域又はこれに相当する区域（沿岸の海域を含む。）を範囲とするものをいう。） | 天気予報、週間天気予報、季節予報及び波浪予報 |
| 府県予報区（一府県の区域又はこれに相当する区域（海に面する区域にあつては、沿岸の海域を含む。）を範囲とするものをいう。） | 天気予報、週間天気予報、地震動予報、火山現象予報、波浪予報、気象注意報、地震動注意報、火山現象注意報、地面現象注意報、高潮注意報、波浪注意報、気象警報、地震動警報、火山現象警報、地面現象警報、高潮警報、波浪警報、海氷予報、浸水注意報、洪水注意報、浸水警報、洪水警報、気象特別警報、地震動特別警報、火山現象特別警報、地面現象特別警報、高潮特別警報及び波浪特別警報 |

| | |
|---|---|
| 津波予報区（海に面する一府県の区域又はこれに相当する区域（沿岸の海域を含む。）を範囲とするものをいう。） | 津波予報、津波注意報、津波警報、津波特別警報並びに津波に関する海上予報及び海上警報 |
| 航空予報空域（気象庁長官の指定する空域を範囲とするものをいう。） | 空域予報及び空域警報 |
| 全般海上予報区（東は東経百八十度、西は東経百度、南は緯度零度、北は北緯六十度の線により限られた海域を範囲とするものをいう。） | 海面水温予報、海流予報、海上予報及び海上警報（津波に関する海上予報及び海上警報を除く。） |
| 地方海上予報区（気象庁長官の指定する海域を範囲とするものをいう。） | 海面水温予報、海氷予報、海上予報及び海上警報（津波に関する海上予報及び海上警報を除く。） |

# 4　予報現業体制

気象庁は気象予報を統一的、効率的に行なうために、予報の内容、対象地域、担当気象官署を「気象庁予報警報規程」で定めています。「全国予報区」は気象庁本庁が、また「地方予報区」は地方予報中枢と呼ばれる、札幌・仙台・東京・新潟・名古屋・大阪・高松・広島・福岡・鹿児島・沖縄の合計11の管区気象台や地方気象台が担当しています。「府県予報区」は府県に置かれている地方気象台が担当しています。このほか、「津波予報区」「航空予報区」「海上予報区」があり、それぞれ本庁、東京航空地方気象台を始めとする航空地方気象台、函館地方気象台や神戸地方気象台などが担当しています。

最後に、気象庁予報部予報課および地方気象台での実際の作業について紹介します。予報作業は「予報現業」とも呼ばれ、現業に従事する職員は24時間体制で作業にあたっています。

## ●本庁予報課

予報課は、気象庁ビルの3階と4階に置かれており、2019年4月現在、職員数が最も多い課で、約110人を抱えています。日勤（官執と呼ばれる）の職員は4階で、種々の管理・開発業務にあたっています。課内に別に「航空予報室」と「アジア太平洋気象防災センター」もあります。

予報作業は3階で行なわれています。「全国予報中枢」「地方予報中枢」「府県予報中枢」、さらに「航空予報中枢」「海上予報中枢」の役割を担っていることから、5つのチームを組んで、予報作業を行なっており、約70人が従事しています。各チームは13人で構成されており、班長以下、上述の役割を分担しています。公務員の勤務時間は週40時間ですから、それを満たすように、日勤、夜勤、明け（夜勤明けの休み）、公休を交代でとっています。たとえばAチームは、ある日の午前8時30分～午後5時までの日勤、翌日は午後6時～翌午前9時30分までの夜勤、明け、その翌日は再び日勤という具合です。

また、各チームは、日勤と夜勤の交代時に、注意すべき事項などの引き継ぎを行

図表9.6 ｜全国予報中枢における会報の様子（気象庁提供）

なっているほか、毎日午前9時から、数値予報モデルの開発などを行なっている「数値予報課」と関係者が集まって「会報」と呼ばれる会合が開かれ、テレビ電話を介して、「地方中枢」も参加しています。図表9・6は全国予報中枢（気象庁予報部予報課）における会報の様子を示しています。

## ●地方気象台

地方気象台は、「府県予報中枢」を担っています。本庁と同じく交代勤務制で、担当範囲が狭いことなどから、1チーム3人、3チームで予報作業などが行なわれています。本庁と同様に、朝と夕方に引き継ぎがあります。気象台では、定常的な業務のほか、「出前講座」で学校などに出向いて授業をしています。

なお、気象庁は、最近、地方気象台などの業務体制の見直しを行なって、観測の自動化のほか、夜間の業務は「地方予報中枢」が担うといった省力化を進めています。

# おわりに

1993（平成5）年に気象業務法の一部が改正され、天気予報が民間でも可能になったことを契機に、多くの気象予報士が活躍しており、一方では、気象や天気予報に関連するさまざまな書籍が出版されています。筆者は、1959年に気象庁の門をくぐって以来、40年間にわたって在職し、1999年に辞職しました。この間、大阪や潮岬での観測業務の後、気象研究所に移って約20年間勤務し、1982年に一転して行政部門に変わりました。運輸省への出向の後、気象庁本庁で、観測や航空気象、予報部門などの管理業務に携わりました。

気象庁を辞した後、一般財団法人日本気象協会に勤務し、その間、独立行政法人国際協力機構（JICA）の無償技術協力プロジェクトなどで、ラオスやモンゴルに出向きました。また、いくつかの大学などで気象の講座を持ち、今も続けています。

本書はこれらの体験などをもとに筆をとったものです。一読していただければ、天気予報を中心とした、気象庁の技術や全体像がわかってもらえるよう心掛けました。

何分力不足で、また過誤もあると思います。ご批判、ご叱責をいただければ幸いです。

なお、「気象コンパス（http://www.met-compass.com）」を立ち上げ、気象に関する啓発やさまざまな情報発信を行なっています。ご笑覧いただければ幸いです。

2019年秋　鹿島灘の潮騒を耳にしながら

# 参考文献


『数値予報』岩崎俊樹、共立出版、1993年
『航空気象ノート』気象庁
『数値予報研修テキスト』気象庁
『気象百年史』気象庁、1975年
気象庁 ウェブサイト http://www.jma.go.jp/jma/
『気象科学事典』日本気象学会（編）、東京書籍、1998年
『一般気象学』小倉義光、東京大学出版会、1984年
『天気予報の知識と技術』古川武彦、オーム社、1998年
『アンサンブル予報』古川武彦、酒井重典、東京堂出版、2004年
『最新気象百科』ドナルド・アーレン（著）古川武彦（監訳）、椎野純一、伊藤朋之（訳）、丸善、2008年
『現代天気予報学』古川武彦、室井ちあし、朝倉書店、2012年
『人と技術で語る天気予報史』古川武彦、東京大学出版会、2012年
『気象庁物語』古川武彦、中公新書、2015年

著者紹介

**古川 武彦**（ふるかわ・たけひこ）

▶1940 年、滋賀県出身。理学博士（九州大学）
気象研究所主任研究官、気象庁予報課長、札幌管区気象台長などをつとめ、現在は、気象学の普及などを目的とする「気象コンパス」を主宰。
著書に『わかりやすい天気予報の知識と技術』（オーム社）、『図解・気象学入門』（共著、講談社ブルーバックス）、『気象庁物語』（中公新書）など。

◉── DTP 清水 康広（WAVE）
◉── 図版 溜池 省三
◉── 校正 株式会社ぷれす
◉── カバー・本文デザイン 末吉 亮（図工ファイブ）

**天気予報《てんきよほう》はどのようにつくられるのか**

2019 年 11 月 25 日 初版発行

| | |
|---|---|
| 著者 | 古川《ふるかわ》 武彦《たけひこ》 |
| 発行者 | 内田 真介 |
| 発行・発売 | ベレ出版<br>〒162-0832 東京都新宿区岩戸町12 レベッカビル<br>TEL.03-5225-4790 FAX.03-5225-4795<br>ホームページ http://www.beret.co.jp/ |
| 印刷 | 株式会社 文昇堂 |
| 製本 | 根本製本 株式会社 |



ISBN 978-4-86064-597-7 C0044 編集担当 永瀬 敏章